余飞 ○ 著

AI绘画入门教程

—— 零基础做画师 ——

河北科学技术出版社

图书在版编目（CIP）数据

零基础做画师：AI绘画入门教程 / 余飞著. 一 石
家庄：河北科学技术出版社，2024.2
ISBN 978-7-5717-1912-8

Ⅰ. ①零… Ⅱ. ①余… Ⅲ. ①图像处理软件－教材
Ⅳ. ①TP391.413

中国国家版本馆CIP数据核字(2024)第046844号

零基础做画师：AI 绘画入门教程

LING JICHU ZUO HUASHI : AI HUIHUA RUMEN JIAOCHENG

余 飞 著

责任编辑	李 虎
责任校对	徐艳硕
美术编辑	张 帆
策划统筹	柴占伟
技术指导	李 强
策划编辑	冯怡心 杜若婷
装帧设计	杨紫藤
出版发行	河北科学技术出版社
地　址	石家庄市友谊北大街 330 号（邮编：050061）
印　刷	河北万卷印刷有限公司
开　本	710mm×1000mm　1/16
印　张	15.25
字　数	180 千字
版　次	2024 年 2 月第 1 版
印　次	2024 年 2 月第 1 次印刷
书　号	ISBN 978-7-5717-1912-8
定　价	88.00 元

前言

2023 年，人工智能（以下简称"AI"）技术在各场景下的应用，已经遍地开花，从 3 月份的 ChatGPT 4.0 正式发布，开启了可谓人工智能应用普及的元年。我们曾经以为只有在科幻电影里才能看到的场景，现在已经真真切切地来到了我们身边。

我并非一个技术人员，完全是个人兴趣驱动着我一直关注 AI 应用领域的信息。在几个月的 AI 绘画学习、应用、分享的过程中，我发现，AI 绘画不仅能够帮助某些领域提供创意的支持，还能真正地运用在生活、工作中，并创造价值。AI 的工作效率无法用传统工业、服务等行业的标准去衡量。AI 可以让一个完全不懂绘画的人，根据描述生成精美的图片甚至视频，可以快速地提供丰富的创意。我相信正在读这本书的你，也会有同样的感受。

这本书，从目前主流的 AI 绘画工具介绍讲起，先让大家对不同的 AI 绘画工具有一个初步的认识，从而能够分辨未来 AI 绘画发展的方向和优势。

对于 AI 绘画领域来说，Midjourney 这家公司起到了功不可没的推广作用，大多数第一次接触到 AI 绘画的人，都是被 Midjourney 便捷的生图方式所吸引。因此，书中最先提到的应用实例，是通过对 Midjourney 的应用技巧进行逐一解析，来感受 AI 绘画基础的操作逻辑。在 Midjourney 中，描绘画面的关键方式，是用提示词来引导 AI 来为我们生成画面，因此 Midjourney 以及提示词的逻辑，同样适用于书中提到的其他 AI 绘画工具，这是我们入门需要最先了解的内容。

更重要的是，如果能够在生活、工作中，用 AI 绘画为我们实现精准可控，并且生产独具一格的图像、视频甚至是艺术作品，就更需要用到本书中最重要的绘画工具——Stable Diffusion，这款免费开源的工具在商业应用领域能在非常可控的成本范围内，提供最有效的支持。

总的来说，本书从 AI 绘画的入门基础到 Stable Diffusion 的实际应用案例，能深入浅出地为你提供实操指导，为你的 AI 绘画之路指明方向。

和 AI 技术本身的属性一样，AI 绘画技术也在飞速迭代，我们尽可能在提供目前 AI 绘画应用领域的同时，提供 AI 绘画发展方向的预测，下面就开始跟着我一起开启 AI 绘画的奇妙旅程吧。

目录 CONTENTS

4 Stable Diffusion 核心插件 ContorlNet

5 定制你的专属图片

6 超高清成像和视频制作

第一章
AI 绘画入门篇 #1

1.1

几款热门 AI 绘画软件简介及对比

AI 绘画工具种类繁多，创造这些 AI 绘画工具的团队，各自有各自的方向和特点，在没有严格的行业标准出台的现在，AI 绘画可谓是百花齐放。

下面，我们对这些主流的 AI 绘画工具进行初步的了解。

1.1.1 惊艳的 AI 绘画工具——Midjourney

2022 年，Midjourney 从内测到正式开放，经历了半年时间，这个 AI 绘画工具，给所有体验者带来的直接感受就是"惊艳"。在国外非常流行的社交网站上，只需要将 Midjourney 服务器添加到个人账户的列表下，就可以进行绘画操作。输入我们构想的画面关键词，在数十秒内，Midjourney 就可以通过对话的方式，将我们想要得到的精致图像回复出来。Midjourney 注册用户在过去一年中突破千万，并且还在急速增长。更令人震惊的是，这款极具创新和创造性的 AI 绘画工具，核心团队仅有 11 人！这也证明了，尖端的技术和创新，未来会掌握在更加高精尖的小团队手中。

想要使用 Midjourney 进行 AI 绘画，首先我们需要得到一个 Discord 互动社区的账号，下面我们来看一下如何操作。

Midjourney 官网

第一步：登录你的 Discord 账户，Discord 的网站地址为 https://discord.com/。

点击右上角的"Login"，注册 / 登录

输入用户名密码，登录 Discord

第二步：添加 Midjourney 服务器

点击左边栏，探索公开服务器

在搜索框中输入"Midjourney"

此为 Midjourney 官方服务器

点击服务器进行添加

点击"加入 Midjourney"

第三步：进入 Midjourney 绘画创作房间。

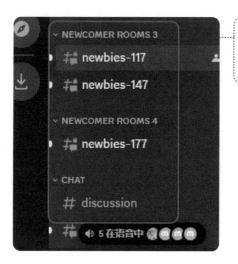

进入任意一个名称为 nwebies-xxx（序号）的房间，开始绘画。

Midjourney 目前提供了四类会员模式, 用户可根据个人 / 公司需求选择开通, 收费标准如下:

计划比较	免费试用	基本计划	标准计划	专业计划
每月订阅费用	-	10 美元	30美元	$60
年按订阅费用	-	96 美元 (8 美元/月)	288 美元 (24 美元/月)	576 美元 (48 美元/月)
快速 GPU 时间	0.4 小时/寿命	3.3 小时/月	15 小时/月	30 小时/月
每月放松 GPU 时间	-	-	无限	无限
购买额外的 GPU 时间	-	$4/小时	$4/小时	$4/小时
在您的直接消息中单独工作	-	✓	✓	✓
隐形模式	-	-	-	✓
最大队列	3 个开发作业 10 个作业在队列中等待	3 个开发作业 10 个作业在队列中等待	3 个开发作业 10 个作业在队列中等待	12 个开发快速作业 3 个开发轻松作业 10 个作业在队列中等待
评价图像以获得免费 GPU 时间	-	✓	✓	✓
使用权	抄送-NC 4.0	一般商业条款*	一般商业条款*	一般商业条款*

• 如果您在任何时候订阅, 您都可以以任何您想要的方式自由使用您的图像。如果您是一家年总收入超过 1,000,000 美元的公司, 则必须购买 Pro 计划。有关完整的详细信息, 请咨询服务条款

目前不支持支付宝 / 微信支付

在加入了付费计划以后, Midjourney 对会员的 AI 绘画内容版权提供了相应的保护措施, 但从 Midjourney 的使用条款来看, 一旦间断付费, 则不再受保护, 这目前也是 Midjourney 在商用方向上存在的风险。

您的权利

根据上述许可, 在现行法律允许的范围内, 您拥有您使用服务创建的所有资产。这不包括放大其他人的图像, 这些图像仍归原始资产创建者所有。Midjourney 对可能适用于您的现行法律不作任何陈述或保证。如果您想了解有关您所在司法管辖区现行法律状况的更多信息, 请咨询您自己的律师。即使在随后的几个月中您降级或取消您的会员资格, 您对您创建的资产的所有权仍然存在。但是, 如果您属于以下例外情况, 则您不拥有资产。

如果您是年总收入超过 1,000,000 美元的公司的雇员或所有者, 并且您代表您的雇主使用服务, 则您必须为代表您访问服务的每个人购买"Pro"会员资格为了拥有您创建的资产。如果您不确定您的使用是否符合代表您雇主的资格, 请假定符合。

如果您不是付费会员, 则您不拥有您创建的资产。相反, Midjourney 根据 Creative Commons Noncommercial 4.0 Attribution International License ("资产许可") 向您授予资产许可。
自生效日期起, 可在此处访问全文: https://creativecommons.org/licenses/by-nc/4.0/legalcode。

请注意: Midjourney 是一个开放社区, 它允许其他人在公共场合发布您的图像和提示时使用和重新组合它们。默认情况下, 您的图像是公开可见和可重新混合的。如上所述, 您授予 Midjourney 允许这样做的许可。如果您购买"专业"计划, 您可以统计其中一些公共共享默认设置。

如果您作为"Pro"订阅的一部分或通过之前可用的附加组件购买了隐身功能, 我们同意尽最大努力不发布您在服务中使用隐身模式的任何情况下制作的任何资产。

请注意, 您在共享或开放空间 (例如 Discord 聊天室) 中制作的任何图像都可以被该聊天室中的任何人看到, 无论是否启用隐身模式。

Midjourney 用户的权利

1.1.2 强强联合的 AI 绘图工具——微软 Bing

大名鼎鼎的微软公司,在 AI 创新领域当然不会落后于任何一家科技公司,微软不仅具备全球超级庞大的用户量,还拥有强劲的资本力量。2023 年 1 月,微软向 ChatGPT 的母公司 OpenAI,注资过百亿美金,开启了微软人工智能应用的新篇章。在微软的搜索引擎"Bing"中,加入了 ChatGPT 后,微软在近期也接入了 OpenAI 研发的 AI 绘画引擎——DALL-E。DALL-E 与 Midjourney 相比,上手使用更加便捷,只需在搜索栏中输入关键词,就可以得到 AI 绘画的图像,并保存在浏览器登录账户中,但图片生成效果以及对图像生成的控制上,与 Midjourney 还存在一定的差距。

使用 Windows Edge 浏览器

使用微软 Bing 的 AI 绘图功能,我们首先要使用 Windows Edge 浏览器,并且登录微软账号,点击图片功能。在图片页面的右侧,会出现"图像创建者"按钮,如下图:

点击"图像创建者",进入 Bing AI 绘画界面

微软 Bing AI 绘画主界面

与 Midjourney 相比,微软 Bing 的 AI 绘画功能界面更加简洁。微软 AI 绘画分为两种模式:

(1)快速模式。微软用户体系下的积分可以换取相应的 AI 绘画积分,从而调用高性能的 GPU 资源,来进行快速生图。

（2）普通模式。在没有积分的情况下，普通模式依然可以实现生图，但速度较慢。

微软 Bing 的 AI 绘画作品，可以在合法的商业领域使用，但是生成图像的内容所有权，并不受到保护。

6. **兑换 Bing Rewards – Bing 图像创建程序。**您可以将 Microsoft Rewards 兑换为 Bing 图像创建程序增强版，以加快图像创作的生成。

7. **创作的使用。**在遵守本协议、Microsoft 服务协议和我们的内容政策的前提下，您可以将创作用于在线服务之外的任何合法的个人非商业目的。

8. **内容所有权。**Microsoft 不主张您向在线服务提供、发布、输入、提交或从在线服务接收的标题、提示、创作或任何其他内容（包括反馈和建议）的所有权。但是，如果您使用在线服务、发布、上传、输入、提供或提交内容，即表明您授予 Microsoft、其关联公司、第三方合作伙伴使用与其业务（包括但不限于所有的 Microsoft 服务）运作相关的标题、提示、创作和相关内容的权利，包括但不限于以下许可权利：复制、分发、传送、公开展示、公开执行、翻制、编辑、翻译和重新排印标题、提示、创作和相关内容；以及向在线服务的任何供应商分许可此类权利。

根据此处的规定，任何人在使用您的内容时，均无需支付任何报酬。Microsoft 没有义务发布或使用您可能提供的任何内容，并且 Microsoft 可以自行决定随时移除任何内容。

您保证并声明，您拥有或以其他方式控制内容的所有权利，如这些使用条款中所述，包括但不限于提供、发布、上载、输入或提交内容的所有必要权利。

9. **无担保；无声明或保证；您的赔偿。**我们计划继续开发和改进在线服务，但我们不保证或承诺在线服务的运行方式或它们能按预期运行。在线服务旨在用于娱乐目的；在线服务并非无错误，可能无法按预期工作，并且可能生成错误信息。您不应依赖在线服务，也不应使用在线服务获取任何形式的建议。您对在线服务的使用风险由您自己承担。

（本款仅为了明确起见，但不以任何方式限制 Microsoft 服务协议第 12 节）Microsoft 不作出任何形式的以下保证或声明，即在线服务创建的任何材料在您可能使用的内容的任何后续使用中不会侵犯任何第三方的权利（包括但不限于版权、商标、隐私权和宣传权以及造成诽谤）。您必须根据适用法律和任何第三方权利使用在线服务中的任何内容。此外，您同意赔偿并使 Microsoft 及其关联公司、员工和任何其他代理免受因您使用在线服务（包括您后续使用在线服务中的任何内容以及您违反本条款、Microsoft 服务协议、行为准则或违反适用法律）而产生的或与之相关的任何索赔、损失和费用（包括律师费）。

Bing AI 协议

1.1.3 老牌视觉应用的 AI 绘画工具—Adobe Firefly

Adobe 公司对计算机图形处理编辑软件做出了较大贡献，Photoshop、PR、AI、AE 等图像、视频编辑软件可谓家喻户晓。2023 年 3 月，Adobe 公开发布了自家 AI 绘画工具——Firefly（萤火虫）。这只萤火虫飞入了 AIGC 的战局中，几分钟的视频介绍，让广大用户领略了老牌视觉公司带来的震撼。Firefly 提供的功能不仅仅是单纯的 AI 生图功能，更重要的是，它能够快速精准地对图像进行控制和编辑。目前，Firefly 还处在内测阶段，通过测试申请的用户，可以在线上体验 Firefly 的部分功能。

Adobe Firefly 官方网站为 https://firefly.adobe.com/

Adobe Firefly 邀请请求

为 Firefly 感到兴奋!

在 Adobe,我们对生成式 AI 感到兴奋,并希望以负责任的方式构建它并为我们的创意社区提供支持,因此我们专门为您设置了这个幕后功能测试👋。我们正在进行中🎬,我们希望您能参与其中并塑造下一步。

在此测试版中,您将获得……

- 尝试我们正在开发的功能,包括文本效果、文本到图像等等🖼
- 与我们的产品团队联系,提出问题并提供反馈🔊
- 为每个人塑造 Firefly 的未来🚀

请填写此表格以申请访问权限。随着时间的推移,我们会逐渐发出邀请。一旦您获得访问权限,我们将通过电子邮件向您发送有关如何开始的说明。

您需要拥有 Adobe ID 并且年满 18 岁才能参与。如果您需要 Adobe ID,可以按照这些说明创建一个。

*您的联系方式:
请确保提供有效的 Adobe ID 电子邮件地址。

姓名

Adobe ID 电子邮件地址

2023 年 5 月底,Adobe 推出了最新版本的 Photoshop Beta(测试版),在这个新的测试版本中加入了 Firefly 的部分功能。这一版本具有简洁的操作界面,强大的"创成式生图"功能,带来了全新的 AI 修图体验。

框选空白画板,在"创成式填充"功能上,输入提示词"a dog running on street",点击生成

十几秒的时间,一张真实的照片级别的图片就展现在了眼前

放大画布,选择空白区域,点击生成　　　　　　Photoshop 快速地将空白区域与原画面完美地
进行了填充

作为老牌的视觉软件超级大厂,Adobe 在多年的图像处理经验中融入 AI 算法,彰显了大厂品质,在未来 Adobe"全家桶",会全面运用 AI 进行更多稳定且震撼的发展,值得期待!

1.1.4 免费开源的控图神器—Stable Diffusion

Stable Diffusion 是 2022 年发布的深度学习文本到图像生成模型,它根据文本的描述产生详细图像。开源免费是 Stable Diffusion 发展迅速的重要原因。一个 ID 为 "AUTOMATIC111"的开发者,在 GitHub 上发布了独立研发的 Stable Diffusion web UI 网页端可视化界面,简称"SD-web UI"。

SD-web UI 的到来,大幅降低了 Stable Diffusion 的应用门槛,同时也在一定程度上规范了 Stable Diffusion 的操作控制流程,并且提供了灵活的扩展接入。在 SD-web UI 的基础上,开发者可以提供更加丰富的功能接入方式。2022 年 8 月至今,数以万计的开发者和爱好者,不断地推动 Stable Diffusion 发展,源源不断地在各种视觉应用领域,畅想 AI 绘画在实际应用的未来。在此,我要向 Stable Diffusion 模型技术的创作者,以及 AUTOMATIC1111 致敬。

如果说 Midjourney 在 AI 绘画领域,是一个创意生产机器,那么 Stable Diffusion 在功能上,则可以提供更可控以及标准化的创意生产。通过大量的控件和可控的模型训练,Stable Diffusion 具备了完整的生图、控图、修图、创意和高效生产的能力。

四款 AI 绘画工具的横向对比

对四款 AI 绘画工具的介绍,我们通过一个图表为四款工具的特点和优劣进行比较。

名称	上手难度	生图效果	控图功能	版权归属	使用成本	独有优势
Midjourney	输入提示词生图,输入命令及参数控图,初学者上手快,修图过程中继承路径简单	最佳的创意生产工具,生图效果、质量高,阶段性更新的大模型,在主流图像风格生成方面优势明显	通过命令及参数控制图像生成,可以调整图像比例、风格,控图能力适中	高级付费用户,在付费使用期间,可受版权保护,其他条件,版权归 AI	根据产量付费,成本不可控	Midjourney 的生图效果以及效率非常平衡,这是目前热门的 AI 绘画工具
Bing/DALL-E	输入提示词生图,与使用搜索引擎一样简单	比较简单的生图能力,模型单一,效果一般	仅通过机器对提示词的理解生图,暂无控图功能	无版权,生成的图像内容,不受保护	免费,Bing 积分换取生图量	OpenAI 作为技术核心驱动,微软具备超大规模市场,应用广泛,使用者无须具备专业绘画知识
Adobe Firefly	需要具备 Adobe 软件的基础操作技巧,普及度高,难度适中	真实场景的生图能力较强,生成图像逼真	整合在 Photoshop 里面的 Firefly 功能可以在同一操作环境下完成图像编辑,细节控制较好	暂无具体信息。	传统的月、季、年,服务费模式,成本可控,较高。	老牌视觉应用大厂,商业应用未来潜力无限。
Stable Diffusion	输入提示词生图,需要掌握大量模型、控件的使用技巧,难度较高	用户可定制模型,生图效果出色,可满足各种创意和设计风格	丰富的控图功能,模型、插件,让 Stable Diffusion 可实现较精准的控制	版权归创作者所有,可商用。(在合法领域应用)	免费	开源导致任何开发者都能参与其中,应用范围广,目前也是最强的 AI 绘画工具

AI 绘画工具对比

这几款 AI 绘画工具,都可以在不同程度上解决用户的需求,如果你想成为一个 AI 绘画高手,我的建议是,结合四款工具的特点,组合运用,效果奇佳!

从 Midjourney 入门,到 Stable Diffusion 的运用,让我对 AI 绘画应用的发展和使用,慢慢提高了认知。与前言中提到的思路一样,我们将从 Midjourney 的基础运用介绍开始,将 Stable Diffusion 相对完整的功能和应用技巧带给大家。

1.2 快速上手 Midjourney

1.2.1 用 Midjourney 生成一个作品

首先,我们使用 Midjourney 生成 AI 绘画的第一个作品。

在"/imagine Prompt"对话框内输入提示词内容"a photo of A girl, red hair, wears a crimson robe,fashion photography,a polaroid photo,transgressive art,fantasy,high contrast,red tone impression,ink strokes,explosions,over exposure,abstract,watercolor painting by John Berkey and Jeremy Mann brush strokes, --ar 4:7"。

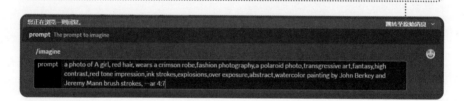

Midjourney 会根据提示词内容来生成四张备选图片,如下图:

U1、U2、U3、U4:

第一行根据图像的编号来放大图像,这里我们选择放大第三张,则点击"U3"。

V1、V2、V3、V4:

第二行根据图像的编号,选择相应图像后,进行修改和二次创作。

点击"Vary（strong）"或"Vary（Subttle）"可进行二次创作。

点击"Web"，在新页面中打开图像。

增加或改变提示词内容，来对这张照片进行修改。等待新生成的四张备选图片。

我们这里输入提示词"green hair"，将图片中人物的发色改为绿色。

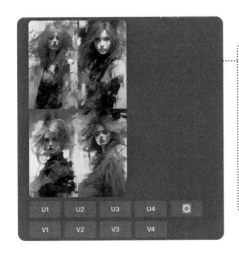

能够看到，生成的四张备选图中，U4/V4 人物的发色已经根据提示词内容进行了调整，整体画风结构都和原图非常接近。

我们还可以重复前面几步操作，来进行更多的修改和创作。

选择一张新生成的备选图进行放大，这样我们就得到了第一个在 Midjourney 创作的图像作品了。

点击图片

点击"在浏览器中打开"

在浏览器新的页面中就可以将图片保存下来了。

1.2.2 Midjourney 提示词规则及用法

AI 绘画的初级使用方法，就是用一些提示词 (prompt)，来描述出图像的关键信息，计算机通过 AI 算法，来生成图像。例如，我们想绘制一只小狗在草地上奔跑的照片，我们就可以再提示词中输入"a dog, running, on the grasslands"。在这段内容中，"a dog""running""on the grasslands"，是关键的提示词内容，包含了图片的主题、动态以及场景的信息，每个提示词需要用半角英文"逗号"来分割。

Midjourney 的提示词规则，并非像自然语言一样，我们需要根据 Midjourney 生图机器人能理解的规则来编写提示词内容，从而让机器人更好地理解我们想表达的图片内容。

提示音

提示长度

提示可以非常简单。单个词（甚至是表情符号！）将产生图像。非常短的提示将在很大程度上依赖于 Midjourney 的默认样式，因此更具描述性的提示更适合独特的外观。然而，超长提示并不总是更好。专注于您要创建的主要概念。

语法

Midjourney Bot 不像人类那样理解语法、句子结构或单词。单词的选择也很重要。在许多情况下，更具体的同义词效果更好。而不是大，试试巨大的，巨大的，或巨大的。尽可能删除单词。更少的词意味着每个词都有更强大的影响力。使用逗号、括号和连字符来帮助组织您的想法，但要知道 Midjourney Bot 不会可靠地解释它们。Midjourney Bot 不考虑大写。

Midjourney Model Version 4 在解释传统句子结构方面略优于其他模型。

专注于你想要的

最好描述你想要什么而不是你不想要什么。如果您要求举办"没有蛋糕"的派对，您的图片可能会包含一个蛋糕。如果要确保某个对象不在最终图像中，请尝试使用 --no 参数提前提示。

考虑哪些细节很重要

任何未说的内容可能会让您大吃一惊。尽可能具体或模糊，但您遗漏的任何内容都会随机化。含糊其词是获得多样性的好方法，但您可能无法获得所需的具体细节。

尽量弄清楚对您来说很重要的任何背景或细节。想一想：

- 主题：人、动物、人物、地点、物体等。
- 媒介：照片、绘画、插图、雕塑、涂鸦、挂毯等。
- 环境：室内、室外、月球上、纳尼亚、水下、翡翠城等。
- 照明：柔和、环境、阴天、霓虹灯、工作室灯等
- 颜色：充满活力、柔和、明亮、单色、彩色、黑白、柔和等。
- 情绪：稳重、平静、喧闹、精力充沛等。
- 构图：人像、爆头、特写、鸟瞰图等。

使用集体名词

复数词留下很多机会。尝试特定数字。"三只猫"比"猫"更具体。集体名词也可以，"flock of birds"而不是"birds"。

Midjourney 提示词使用规则及用法

> Midjourney 在用户指南中，提供了完整的提示词编写语法逻辑。这些提示词规则，不仅适用于 Midjourney，在其他文生图 AI 绘画工具中同样适用。理解并熟知这些提示词规则，是 AI 绘画工具应用中基础的、重要的环节。

我们再来看一下 Midjourney 的提示词构成。

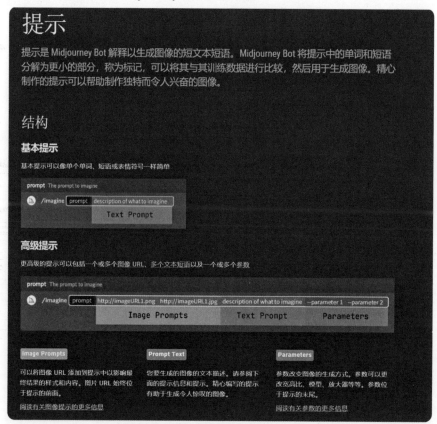

提示词结构

值得注意的是，在我的经验中，AI 绘画工具对提示词的理解也并没有非常死板。在这里补充一个 Midjourney 的提示词小技巧，在提示词文本描述中，如果你有一个需要突出的画面内容，则用法为"a photo of+ 图片主体 + 其他提示词描述"，如刚才生成的第一个图片中，我们的提示词就是用这个方法构成的，完整的提示词内容为"a photo of A girl, red hair, wears a crimson robe,fashion photography,a polaroid photo,transgressive art,fantasy,high contrast,red tone impression,ink strokes,explosions,over exposure,abstract,watercolor painting by John Berkey and Jeremy Mann brush strokes, --ar 4:7"。

提示词开端 + 主体　　穿着　　指的是图片的宽高比）　　画面的色彩风格

Midjourney 参数（这里 --ar 4:7

即使是简短的单个单词提示也会以 Midjourney 的默认风格生成精美的图像，你可以通过结合艺术媒介、历史时期、位置等概念来创建更有趣的个性化结果。

1. 艺术媒介

提 示 示 例:/imagine prompt　<any art style> style cat

输入"艺术风格"提示词

风格提示词(英文)	风格提示词(中文含义)
Block Print	版画
Folk Art	民间艺术
Cyanotype	青色印画
Graffiti	涂鸦
Paint-by-numbers	填色游戏
Risograph	丝网印刷
Ukiyo-e	浮世绘
Pencil Sketch	铅笔素描
Watercolor	水彩画
Pixel Art	像素艺术
Blacklight Painting	紫外线绘画
Cross Stitch	十字绣

2. 绘画方式风格

提示示例: /imagine prompt <style>

sketch of a cat

输入"绘画方式"提示词

绘画方式提示词(英文)	绘画方式提示词(中文含义)
Life Drawing	写生
Continuous Line	连续线条
Loose Gestural	松散手势
Blind Contour	盲线条
Value Study	价值研究
Charcoal Sketch	炭笔素描

3. 时间旅行

提示示例: /imagine prompt <decade>

cat illustration

输入"年代、时间"提示词

4. 表情

提示示例: /imagine prompt <emotion>

cat

输入"表情"提示词

表情提示词(英文)	表情提示词(中文含义)
Determined	坚定
Happy	快乐
Sleepy	瞌睡
Angry	愤怒
Shy	害羞
Embarassed	尴尬

5. 色彩风格

提示示例:/imagine prompt <color word> colored cat

输入"颜色"提示词

色彩风格提示词(英文)	色彩风格提示词(中文含义)
Millennial Pink	千禧粉
Acid Green	酸橙绿
Desaturated	去饱和度
Canary Yellow	金丝雀黄
Peach	桃红色
Two Toned	双色调
Pastel	粉彩色
Mauve	紫红色
Ebony	乌木色
Neutral	中性色
Day Glo	荧光色
Green Tinted	绿色调

6. 环境探索

提示示例:/imagine prompt<location>

cat

输入"环境探索"提示词

环境探索提示词(英文)	环境探索提示词(中文含义)
Tundra	冻原 / 苔原
Salt Flat	盐沼
Jungle	丛林
Desert	沙漠
Mountain	山脉
Cloud Forest	云雾森林

以上的官方示例是 Midjourney 目前已经探索出的不同风格提示。当然,我们还可以根据自己的创意想法,通过其他更加具体的提示词内容,来尝试实现和我们想法一致的图像内容。联想到 Midjourney 在 Discord 平台中开放式的生图交付方式,我认为,这样极有可能是为了发现用户提交的关键词内容,是否能够激活更多 AI 能力,并分享给用户,提供一定程度上的 AI 绘画指导。

·1.2.3 不同风格的 Midjourney 模型

Midjourney 定期发布新模型版本以提高效率、一致性和质量。目前,最新的模型版本为 Midjourney V5.2,也是 Midjourney 的默认模型。用户可以通过添加 --version 或 --v 参数,或者使用 /settings 命令并选择不同版本的模型来进行模型的切换。每个版本的模型都擅长生成不同类型的图像。

版本切换方法:

方法 1:在提示词的内容描述的最后写入"--v 版本号",如果我们想生成一只奔跑的小狗,写入提示词"a cute dog running on the street",如果我们想使用最新的模型版本, 则不需要在提示词末尾添加参数, 如果我们想用 Midjourney V4 版本模型来进行生图, 我们就需要将提示词更改为"vibrant California poppies --v4"。

方法 2: 在 Discord 对话框内, 输入"/setting"发送, 在 Midjourney 机器人返回的菜单中, 点击选择相应模型。

Midjourney V5.1 模型生成的图片

Midjourney V4 模型生成的图片

关于不同模型版本之间的风格差异以及特性,你可以去 Midjourney 官方的用户指南中,查看更新的内容,地址为 https://docs.midjourney.com/docs/quick-start。

1.2.4 Midjourney 命令一览及关键命令应用

优秀的 AI 绘画工具,更像是一个相机,你可以通过文字描述和配置这个"相机"的设置,在需要的场景下,去拍摄你想要的照片,照片的风格、构图、取景、色彩、人物、静物、角度、光线等环节都可以通过 AI 绘画工具来实现。

在 Midjourney 中,我们选择好大模型后,输出的图片风格有了一个框架,在这个大的图片风格基础上,如果我们想更加精细地控制图像效果,该怎么办呢?这就需要我们掌握 Midjourney 中的命令和各种参数才能实现。

可以通过输入命令与 Discord 上的 Midjourney Bot 进行互动。命令用于创建图像、更改默认设置、查看用户信息以及执行其他 Midjourney 提供的任务功能。

接下来,我们来看看 Midjourney 的基本命令有哪些:

命令	实现的功能
/ask	获取问题的答案
/blend	轻松地将两个图像混合在一起
/daily_theme	切换通知 ping,以获取 #daily-theme 频道的更新
/docs	在官方 Midjourney Discord 服务器中使用,快速生成链接到本用户指南中涵盖的主题
/describe	基于您上传的图像编写四个示例提示
/faq	在官方 Midjourney Discord 服务器中使用,快速生成链接到热门提示制作频道 FAQ
/fast	切换到快速模式
/help	显示有关 Midjourney Bot 的有用基本信息和提示
/imagine	使用提示生成图像
/info	查看有关您的账户以及任何排队或正在运行的作业的信息
/stealth	对于 Pro 计划订阅者:切换到隐身模式
/public	对于 Pro 计划订阅者:切换到公共模式

续表

命令	实现的功能
/subscribe	生成用户账户页面的个人链接
/settings	查看并调整 Midjourney Bot 的设置
/prefer option	创建或管理自定义选项
/prefer option list	查看当前自定义选项
/prefer suffix	指定要添加到每个提示末尾的后缀
/show	使用图像作业 ID 在 Discord 中重新生成作业
/relax	切换到放松模式
/remix	切换 Remix 模式

在这些命令中,常用的一定是生图命令 (/imagine) 了。单独看到这一串串的英文单词,我想大多数读者还是会比较头疼,其实在 Discord 中,只要我们键入"/"+"命令开头的几个字母",在命令栏中,会自动弹出相关的命令快捷选择,所以看到这里也不需要担心,多对照几次上面这个命令 / 功能对照表,并多去尝试使用,就能掌握了。

为了能够更加快速便捷地使用 Midjourney,我们来介绍几个常用命令,如下:

1./help 命令:显示有关 Midjourney Bot 的有用基本信息和提示

输入"/help"命令后"回车",会返回一条完整的 Midjourney 官方帮助信息。

我们可以查阅相关内容来帮助我们查询 Midjourney 的基础使用技巧,当然打开本书,会更加方便。

2./info 命令：查看有关您的账户以及任何排队或正在运行的作业的信息

这是 Midjourney Bot 的订阅信息：

订阅类型：基础版（每月有效，下次续订时间为 2023 年 6 月 26 日晚上 8 点 58 分）

作业模式：快速模式

可见性模式：公共模式

快速模式剩余时间：197.21/200.0 分钟（98.61%）

终身使用情况：50 张图像（0.59 小时）

放松使用情况：0 张图像（0.00 小时）

排队作业（快速模式）：0 个

排队作业（放松模式）：0 个

运行中的作业：无

输入"/info"命令后"回车"，会返回一条当前用户的订阅信息和基本状态。我当时的账号为月度订阅的基础版本，不能使用隐身模式，所有需要的图像生成均已完成。

3./setting 命令：查看并调整 Midjourney Bot 的设置

添加指定内容, 到每一组提示词后缀。

模型选择区 / 风格强度选择 / 工作模式选择 / 重置或恢复默认设置。

输入"/settings"命令后"回车", 会返回一个功能菜单, 在这里可以根据我们需要调整的设置, 进行点选。在这个菜单栏里面, 已经能够完成不分命令实现的功能。

如果想要实现上面的"指定内容到每一组提示词后缀"功能, 需要用到的命令是"/prefer suffix"。例如, 我们想要以后生成的所有图片长宽比例均为"7:4", 那么我们就可以输入命令"/prefer suffix --ar 7:4", 这样就完成了指定后缀的预设。这里"--ar 7:4"为图像宽高比参数, 下面会提及该参数的用法。

命令执行成功后, 会显示如下信息:

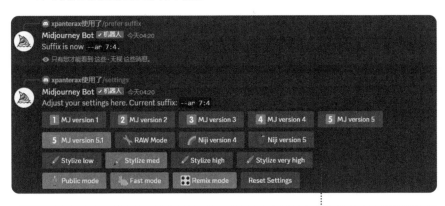

使用"/prefer suffix –ar 7:4"添加后缀。

执行"/settings"命令, 则显示已添加的后缀内容。

当然, "/prefer"还有其他命令, 可以实现更多的预设功能, 在更多的批量生图中, 会有一定的帮助, 详细的用法, 读者朋友可以参考 Midjourney 官方的命令使用文档。我们通过"/settings"调用设置菜单, 以及"/prefer suffix"命令进行后缀的设置, 已经能便捷地使用 Midjourney 的功能了。

4./blend 命令：轻松地将两个图像混合在一起

选项		
dimensions	设置混合后的图片比例	The dimensions of the image. If not specified, the image w
image3		Third image to add to the ble
image4	添加第3-5张需要混合生成的图片	Fourth image to add to the ble
image5		Fifth image to add to the ble

/blend Blend images together seamlessly!

image1   image2

⬆ Drag and drop or click to upload file   ⬆ Drag and drop or click to upload file   图片上传区域

/blend image1 请添加文件 image2 请添加文件 增加 4

两图像混合

dimensions 参数用于指定要混合的图像的大小。您可以使用以下格式之一来调整混合图像的大小：

指定像素大小：dimensions=500x500

指定百分比大小：dimensions=50%

指定方向：square、portrait、landscape 其中

square 表示将混合图像调整为正方形

portrait 表示将混合图像调整为纵向（高度大于宽度）

landscape 表示将混合图像调整为横向（宽度大于高度）

请注意，如果指定了 dimensions 参数，则必须使用其中一种格式来指定大小或方向。如果未指定 dimensions 参数，混合图像将使用默认大小。

我们来上传两张 1:1 的图片作为混合参考图，并且设置 dimensions 参数为 portrait（高度大于宽度）。

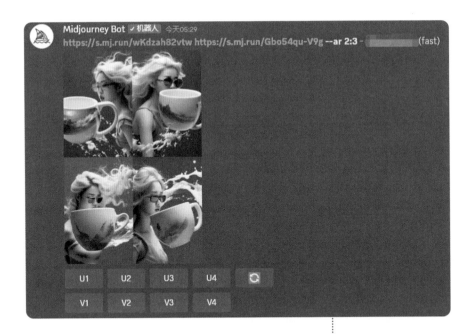

我们能看到, 在生成图片的提示词末尾加入了"--ar 2:3"这个参数, 即图片宽高比为 2:3, 最终生成了四张竖版的合成照片。

读者可能会发现, 我们上传两张参考图后, 生成的照片效果看上去很有创意, 但是并不太符合常规逻辑。这并不是 Midjourney 混合图像的真正实力, 而是由于"/blend"命令主要是为了让手机用户更加便捷地实现图像混合功能设计的命令, "/blend"命令中不能输入提示词, 只能由 Midjourney Bot 对图像的理解生成图片, 这就令生成的效果缺少了"灵魂"。

那么怎样才能在混合图像的同时, 输入提示词来引导 Midjourney 生成更加合理的图片呢?那就还是需要用到常用的"/imagine"命令了。

5./imagine 命令混合生成图片 :使用提示词混合图片生成图像

与我们单独用提示词生成图片的方法大同小异, 只不过需要我们先将需要混合的照片进行上传, 并将图片的网络地址粘贴进提示词的最前端, 再加入描述和参数, 就可以完成图片的混合生成了。

在 Discord 服务器消息栏,点"加号"图标点击"上传文件"。

选择需要上传的图片后,"回车",等待上传完成。

图片上传完成后,在把图片拖入"新的浏览器窗口"。

复制图片链接(这里需要注意,图片链接文件应以"png""gif""webp""jpg"或"jpeg"结尾)。

用"/imagine"命令,粘贴两张图片的链接(中间用"空格"隔开),接着输入描述词和参数,然后"回车"。

我们这里输入的描述词是"1girl,holding a cup"(一个女孩手里拿着杯子),"回车"生成。

这样我们就得到了由两张照片混合生成的、保留图片风格并且根据提示词生成的美图。

选择第三张,进行放大。

6./describe 命令:基于您上传的图像编写四个示例提示

如果你拿到一张图片或者照片,希望能够用提示词去对其进行描述,但又无从下手,这时候充满想象力的"/describe"命令就派上用场了。这个命令可以通过 Midjourney Bot 快速地将你上传的图片内容进行分析,并返回四组描述词,我们来用实例进行下演示。

我们用这张超现实风格外形主题美女喂给 Midjourney，来体验"/describe"命令的功能（这张图片由 Stable Diffusion 生成）。

输入"/describe"命令后"回车"发送，会弹出一个上传文件的窗口。

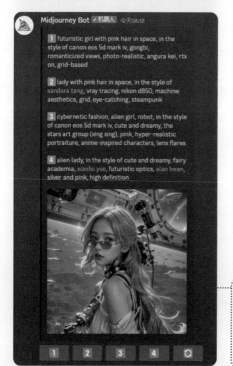

上传完成后回车发送，几秒钟，Midjourney Bot 就反馈了四组描述词给我们。

提示词案例

提示词组别	英文提示词	中文意思
第一组	futuristic girl with pink hair in space, in the style of canon eos 5d mark iv, gongbi, romanticized views, photo-realistic, angura kei, rtx on, grid-based	未来主义女孩在太空中, 采用佳能 EOS 5D Mark IV 风格, 工笔画技法, 浪漫主义视角, 照片般逼真, angura kei 风格, 开启 RTX, 基于网格
第二组	lady with pink hair in space, in the style of sandara tang, vray tracing, nikon d850, machine aesthetics, grid, eye-catching, steampunk	在太空中的粉发女士, 采用 Sandara Tang 风格, 使用 Vray 追踪技术, 拍摄于尼康 D850 相机, 具有机械美学特色, 基于网格设计, 引人注目, 带有蒸汽朋克风格
第三组	cybernetic fashion, alien girl, robot, in the style of canon eos 5d mark iv, cute and dreamy, the stars art group (xing xing), pink, hyper-realistic portraiture, anime-inspired characters, lens flares	赛博朋克风格的时尚, 外星女孩和机器人, 采用佳能 EOS 5D Mark IV 的风格, 可爱而梦幻, 参考星星美术团的风格, 以粉色为主色调, 采用超逼真的肖像画技法, 灵感来源于动漫角色, 使用镜头光晕效果
第四组	alien lady, in the style of cute and dreamy, fairy academia, xiaofei yue, futuristic optics, alan bean, silver and pink, high definition	外星女士, 采用可爱而梦幻的风格, 参考了妖精学院的风格和岳晓飞的作品, 融入了未来主义光学元素和 Alan Bean 的风格, 以银色和粉色为主色调, 采用高清晰度的画面效果

"/describe"命令从不同的角度提供了丰富的图片描述, 并且作为非常详细的参考, 我们还可以在四组提示词中选择一组喜欢的内容进行修整创作。

Imagine This! ×

该表单将提交至 Midjourney Bot, 请勿分享密码和其他任何敏感信息。

PROMPT

cybernetic fashion, alien girl, robot, in the style of canon eos 5d mark iv, cute and dreamy, the stars art group (xing xing), pink, hyper-realistic 3800

取消   提交

> 我们用 Midjourney Bot 反馈的四组描述词来生成照片。

第一组描述生成的图片

第二组描述生成的图片

第三图描述生成的图片

第四组描述生成的图片

Midjourney 反馈的描述词, 都很好地还原了描述中的色彩、画风以及光影, 我们可以基于这些描述内容, 并与生成的图片进行结合观察, 选定一个合适的图片, 补充细节提示词, 来进行多次创作。"/describe"命令, 能够在参考图的基础上, 提供非常好的创意空间, 为我们的创作提供想象力。

1.2.5 Midjourney 参数使用方法和演示

Midjourney 命令, 控制了 AI 绘画生图的常用形式, 那么更为细致的控图功能, 就需要了解 Midjourney 的一些关键参数, 并熟练应用, 才能生成与我们预期更加接近的图片, 完成标准化的创作。

参数是添加到提示中的选项, 可以更改图像生成的方式。参数可以更改图像的宽高比, 切换 Midjourney 模型版本, 更改使用的 Upscaler 等。除此之外, 还有很多其他的参数可以调整, 以生成满足您需求的图像。

参数总是添加到提示词末尾, 并且可以在每组提示词后, 添加多个参数来进行控制。

参数的基本语法为 "--" + "参数" + "空格" + "参数值"。

参数设定

图片格式提示词

参数	用法示例	描述
aspect ratios （宽高比）	aspect 1.5 或 --ar 2	改变生成图像的宽高比
chaos （混乱生成）	chaos 80	改变结果的多样性
no （反向提示）	no trees	用于生成与指定提示相反的图像
quality （图像质量）	quality 0.5 或 --q 0.25	控制渲染质量；默认值为 1；数值越高, 使用的 GPU 时间越多, 生成的图像质量越高
repeat （重复生成）	repeat 10 或 --r 5	从单个提示中创建多个作业；重复生成有助于快速多次运行作业
seed （随机种子）	seed 12345	Midjourney Bot 使用随机生成的种子数作为生成图像的起点；使用相同的种子数和提示可以生成相似的图像
stop （停止生成）	stop 50	在生成过程中途停止作业；在较早的百分比处停止作业可能会生成模糊、不太详细的结果

续表

参数	用法示例	描述
stylize (风格化程度)	stylize 500 或 --s 800	控制 Midjourney 默认美学风格的强度
style (风格)	style raw 或 --style 4b 或 --style scenic	切换不同风格
tile (平铺)	tile	生成可用作重复平铺的图像,以创建无缝图案
image weight (图像权重)	iw 0.5	设置图像提示权重相对于文本权重的比例;默认值为 1

1.aspect ratios(宽高比)参数

aspect 或 --ar 参数,改变图像宽高比。正方形图像具有相等的宽度和高度,描述为 1:1 的纵横比。图片可以是 1000px × 1000px,或者 1500px × 1500px,宽高比仍然是 1:1。计算机屏幕的比例可能为 16:10,宽度是高度的 1.6 倍,所以图像可以是 1600px × 1000px、4000px × 2000px、320px × 200px 等。

默认纵横比为 1:1, aspect 必须使用整数。

使用 139:100 而不是 1.39:1。

纵横比影响生成图像的形状和组成。

放大时,某些宽高比可能会略有变化。

常用的宽高比

2.chaos(混乱生成)参数

chaos 或 --c 参数会影响初始图像网格的多样性。较高的 --chaos 值会产生更不寻常和出人意料的结果和构图。较低的 --chaos 值则会产生更可靠、可重复的结果。

chaos 值范围:0~100。

默认的 --chaos 值为 0。

下面我们以官方示例为参考,了解参数特性,提示词:watermelon owl hybrid (西瓜猫头鹰混合)。

不指定 --chaos 值或使用较低的值,将会生成相似的初始图像网格,每次运行作业时都是如此。

例如,输入以下提示:imagine/ prompt watermelon owl hybrid --c 0

较低的 --chaos 值或不指定 --chaos 值,会产生每次运行作业时略微不同的初始图像网格。

例如,输入以下提示:imagine/ prompt watermelon owl hybrid --c 10

使用较中等的 --chaos 值或不指定 --chaos 值,会产生每次运行作业时略微不同的初始图像网格。

例如,输入以下提示:imagine/ prompt watermelon owl hybrid --c 25

使用较高的 --chaos 值,会产生每次运行作业时更加多样化和出人意料的初始图像网格。

例如,输入以下提示:imagine/ prompt watermelon owl hybrid --c 50

使用极高的 --chaos 值, 会产生每次运行作业时非常多样化和出人意料的初始图像网格, 具有意想不到的构图或艺术媒介。

例如, 输入以下提示: imagine/ prompt watermelon owl hybrid --c 80

3.quality(图像质量)参数

--quality 或 --q 参数会改变生成图像所需的时间, 较高的质量设置需要更长的处理时间, 并产生更多的细节, 较高的值还意味着每个作业使用的 GPU 时间更多, 质量设置不会影响分辨率。

默认的 --quality 值为 1。

--quality 只接受 ".25"".5"和"1"这三个值。如果使用更大的值, 则会被舍入为 1。

--quality 只影响初始图像生成。

--quality 适用于模型版本 4、5 和 niji 5。

更高的 --quality 设置并不总是更好。有时较低的 --quality 设置可以产生更好的结果——这取决于尝试创建的图像。较低的 --quality 设置可能更适合手势抽象外观。这种表现力强烈的抽象艺术风格, 通常强调形式和线条的流动感和运动感, 而不是细节和精确度。在这种情况下, 较低的 --quality 设置可能会产生更好的结果, 因为它们更加强调艺术作品的表现力和感性。较高的 --quality 值可以改善建筑图像。在这种情况下, 较高的 --quality 值可能会改善图像的外观, 并使其更加精确和详细。这是因为较高的 --quality 值会产生更多的细节和更精确的线条, 从而增强建筑图像的真实感和细节感。

下面我们以官方示例为参考, 了解参数特性, 提示词: detailed peony illustration (细节突出的牡丹花插画)。

左：--q .25

如果您需要尽快获得结果，可以使用较低的 --quality 值。较低的 --quality 值会产生更快的结果，但图像可能会缺乏细节和精确度。例如，使用以下命令可以使生成速度提高 4 倍，并且使用的 GPU 时间只有原来的 1/4。

中：--q .5

如果您需要更快的结果，但又不想牺牲太多的细节和精确度，可以使用较低的 --quality 值。较低的 --quality 值会产生相对较快的结果，但图像可能会缺乏一些细节和精确度。例如，使用以下命令可以将生成速度提高 2 倍，并且使用的 GPU 时间只有原来的 1/2。

右：--q 1

默认设置是 --quality 值为 1，这意味着生成图像所需的时间和 GPU 时间都是中等水平，可以产生相对精确和详细的结果。如果您不指定 --quality 值，则默认为 1。

4.repeat（重复生成）参数

--repeat 或 --r 参数可以多次运行作业。将 --repeat 与其他参数（如 --chaos）结合使用，可以加快您的视觉探索速度。--repeat 参数仅适用于标准和专业订阅用户。对于标准订阅用户，--repeat 接受 2~10 的值。对于专业订阅用户，--repeat 接受 2~40 的值。--repeat 参数只能在快速 GPU 模式下使用。使用 --repeat 作业结果的"重新滚动"按钮，只会重新运行一次提示。

U4 右边的按钮为"重新滚动"按钮。

例如, 以下命令将使用 --repeat 参数运行 5 次作业:

/imagine/ prompt a sunset --repeat 5 --gpu fast

请注意, --repeat 参数将增加 GPU 时间的成本,因此请确保您的订阅计划具有足够的 GPU 时间。

5.seed(随机种子)参数

Midjourney Bot 使用种子号码创建视觉噪声场,作为生成初始图像的起点。每个图像的种子号码是随机生成的,但可以使用 --seed 或 --sameseed 参数指定。使用相同的种子号码和提示将产生类似的最终图像。

--seed 接受 0~4294967295 的整数。

--seed 值将产生具有相似构图、颜色和细节的图像。在模型版本 4、5 和 niji 中,使用相同的 --seed 值将产生几乎相同的图像。

--seed 值是常用的参数之一,我们有时可能会希望能够让生成的照片尽量保持一致,所以如果你需要获取已生成图像的种子值,则需要完成以下操作。

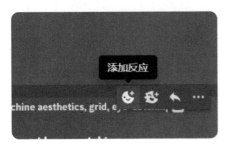

在已生成的图片右上角点击"添加反应"

输入"env",选择第一个"信封"图标

获取种子编号。

在提示词末尾加入"--seed+编号","回车"生成。

prompt The prompt to imagine

/imagine

prompt lady with pink hair in space, in the style of sandara tang, vray tracing, nikon d850, machine aesthetics, grid, eye-catching, steampunk --seed 3220421808

原图。

固定种子后,生成的图片几乎与原图保持一致。

6.stop（停止生成）参数

在使用 Midjourney Bot 进行图像生成任务中，您想提前结束任务，可以使用 --stop 参数来指定结束任务的进度百分比。例如，如果您想在任务完成一半时结束任务，可以使用 --stop 50 参数。需要注意的是，提前结束任务可能会导致生成的结果模糊、缺乏细节，因此建议您在任务完成后再停止任务。

--stop 参数接受的值为 10～100 的整数，表示任务结束的进度百分比。

默认情况下，--stop 参数的值为 100，即任务处理完整个过程后结束。

需要注意的是，在进行 upscaling（图像放大）任务时，--stop 参数不起作用，无法提前结束任务。

下面我们以官方示例为参考，了解参数特性。提示词：splatter art painting of acorns（橡子的泼溅画风格绘画）。

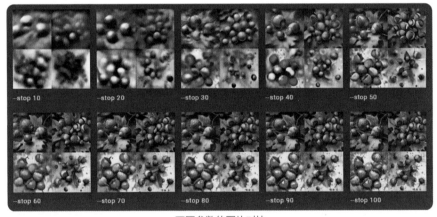

不同参数的图片对比

对于生成大多数写实风格图片来说，--stop 参数也许看起来有些鸡肋，但是在不同风格的艺术创作和效果上，可能需要不那么精细的细节刻画，所以这个参数的设定还是需要根据创作需求进行适当调节。

7.stylize（风格化程度）参数

Midjourney 机器人已经接受了训练，可以生成更具艺术感的颜色、构图和形式的图像。参数 --stylize 或 --s 会影响训练的强度。低 stylization 值会产生与提示相匹配但不太艺术的图像。高 stylization 值会创建非常艺术但与提示联系较少的图像。

--stylize 的默认值为 100，当使用 V4、V5 模型时，它的范围为 0~1000 的整数数值，动漫风格模型 niji 不支持 --stylize 调节。

下面我们以官方示例为参考,了解参数特性,提示词为 colorful risograph of a fig(一张色彩丰富的无铅印刷图像,上面印有一颗无花果),模型版本为 V5。

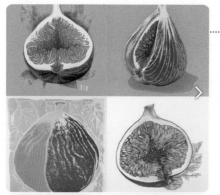

此图 --stylize 参数值为 100(默认值)。

在默认情况下,生成的图像很好地还原了提示词中的色彩丰富、无铅印刷的特征这些关键引导。

此图 --stylize 参数值为 1000(非常高)。

在非常高的风格化设置下,生成的图像细节和色彩更加丰富饱满,但已经无法还原无铅印刷制品的简单平面化的特征了。

8.style(风格)参数

这个参数是针对新 Midjourney 模型加入的参数调节,参数 --style 可以微调一些 Midjourney 模型版本的美学效果。添加样式参数可以帮助你创建更多逼真的图像、电影场景或更可爱的角色。

模型版本 5.1 接受 --style raw。

niji 5 模型版本接受 --style cute、--style scenic、--style original 或 --style expressive。

V5.1 模型版本只有一个样式,即 --style raw。--style raw 参数减少了默认 Midjourney 美学的影响,并且适用于想要控制更多自己图像或更多摄影图像的高级用户。

下面我们以官方示例为参考，了解参数特性，提示词：pastel fields of oxalis（酢浆草柔和色调的田野画面）。

左图：pastel fields of oxalis（默认风格，更加逼真）。

右图：pastel fields of oxalis --style raw

niji 模型版本 5 也可以通过 --style 参数进行微调，以实现独特的外观。例如尝试 --style cute、--style scenic、--style original 或 --style expressive。

niji 样式参数：

--style cute 可以创建迷人和可爱的角色、道具和场景；

--style expressive 具有更复杂的插图感觉；

--style original 使用原始的 niji 模型版本 5，这是 2023 年 5 月 26 日之前的默认设置；

--style scenic 可以在奇幻环境中创造美丽的背景和电影般的角色瞬间。

下面我们以官方示例为参考,了解参数特性,提示词:guinea pig wearing a flower crown(一只带着花冠的豚鼠)。

左图:guinea pig wearing a flower crown --niji 5(新版 Niji 5 模型)。

右图:guinea pig wearing a flower crown --original(上一版本的 Niji 5 模型)。

左图:guinea pig wearing a flower crown --niji 5 --style cute(可爱风格)。

中图:guinea pig wearing a flower crown --niji 5 --style expressive(插图风格)。

右图:guinea pig wearing a flower crown --niji 5 --style scenic(影视动漫风格)。

通过 --sytle 参数,我们能够体会到 Midjourney 在动漫风格画风方向的补充,也在更大程度上拉开了写实风格和动漫风格的重合范围。用户通过模型以及参数的调节,可以获取更加符合个人偏好的 AI 绘画图像。

9.tile(平铺)参数

参数 --tile 生成的图像可以用作重复平铺,以创建面料、壁纸和纹理的无缝图案。

--tile 适用于模型版本 1、2、3、test、testp、5 和 5.1。

--tile 只生成单个平铺。使用像 Seamless Pattern Checker（这是一个非常好用的在线无缝纹理检测及生成工具，无须登录注册，在线免费使用）图案制作工具，可以查看平铺重复效果。

这次的示例，我们用 Windows 的桌面壁纸来呈现一下效果。首先，我们先用 Midjourney 生成一张 tile 图片，提示词：watercolor roses（水彩玫瑰花）。

我们选择图 1 进行放大，并且用平铺模式作为桌面壁纸。

作为桌面壁纸的效果非常惊艳。

--tile 参数生成的画面，作为平铺效果是实现了无缝拼接，这对于很多贴图工作来说是一个非常优质的选择，在一些产品的设计应用上也能有比较广泛的用途，如在纺织品印花、家装壁纸等方面。通过 Midjourney 的 --tile 参数，我们可以快速地生成贴图，定制自己的专属印记。

1.2.6 Midjourney 高级应用指南

在前面章节中的指令部分，我们体验了混合模式生图的效果，再结合参数控制，我想你应该可以用 Midjourney 实现很多天马行空的创意了，怎样才能更加精准的控制图像呢？我们来深入了解以下几个进阶玩法。

1.iw（图像权重）参数

使用图像权重参数 --iw 可以调整提示中的图像部分和文本部分。当没有指定 --iw

时,将使用默认值。较高的 --iw 值意味着图像提示对最终结果的影响更大。不同的 Midjourney 版本模型具有不同的图像权重范围。

权重	V 4 模型	V 5 模型	V 5.1 模型	niji 5 模型
默认权重值	不支持	1	1	1
权重范围	不支持	0~2	0~2	0~2

我们用刚才生成的 tile 印花图进行测试:

--iw 值为 0.5(低权重)生成的图像内容,更加贴近描述词。

--iw 值为 1(默认值)生成的图像内容,参考图与提示词进行了融合。

--iw 值为 1.5(较高)生成的图像内容中,描述词的内容逐渐被淡化。

--iw 值为 2(最高)生成的图像内容中,参考图画面更加丰富。

了解了 --iw 参数的作用,我们再来看一下这一组图片的提示词:/imagine prompt:https://s.mj.run/GPFIDJWh8gc,a dress, --iw {0.5, 1, 1.5, 2}, --seed 2177560981

参考图   描述词(一条裙子)   --iw 权重   固定种子

这个参数后面的大括号是什么意思?

往下看,我们重新认识一下 Midjourney 的提示词,更多提示词应用规则马上就来了。

2.Multi Prompts(多提示词)使用规则

可以使用双冒号":"作为分隔符,让 Midjourney 机器人单独考虑两个或更多个不同的概念。分离提示可以让你为提示的各部分分配相对重要性。

多提示基础:在提示中添加双冒号"::"表示 Midjourney 机器人应该单独考虑每个部分。在下面的示例中,对于提示 hot dog,所有单词都被视为一个整体,Midjourney 机器人会生成美味的热狗图片。如果将提示分为两个部分，hot::dog，则会分别考虑这两个概念，生成一张狗很热的图片。

双冒号"::"之间没有空格。

多提示适用于模型版本 1、2、3、4、5、Niji 和 Niji 5 以及更新版本。

任何参数仍然添加到提示的末尾。

提示词：hot dog

此时没有触发多提示词规则，则生成了一个热狗。

提示词：hot:: dog

此时触发了多提示词规则，这段提示词被理解为狗现在很热。

3.Multi Prompts（多提示词）权重规则

当使用双冒号 :: 将提示分成不同的部分时，可以在双冒号后面立即添加一个数字，以分配相对重要性给提示的那一部分。

在下面的示例中，提示 hot::dog 生成了一张热狗的图片。

将提示更改为 hot::2 dog 将单词 hot 的重要性提高到单词 dog 的 2 倍，生成一张非常热的狗的图片！模型版本 4 以上可以接受小数点作为权重。

未指定权重时，默认为 1。

提示词:hot:: dog

　　此时触发了多提示词规则,这段提示词被理解为狗现在很热。

提示词:hot::2 dog

　　此时触发了多提示词规则,以及多提示词权重,这段提示词被理解为是 dog 的 2 倍,所以这里软件理解的是狗狗热的加倍!

4.Multi Prompts(多提示词)反向提示词规则

可以将负权重添加到提示中以删除不需要的元素,但所有权重的总和必须是正数。

提示词:vibrant tulip fields

　　根据提示词常规生成的内容。

提示词:vibrant tulip fields::
red::-.5

在提示词权重被设定为-.5后,
画面中的红色被大量移除。

权重被统一化为, 所以 tulips:: red::-.5 效果等同于 tulips::2 red::-1, 也等同于 tulips::200 red::-100 。

参数 --no 的权重部分与多提示"-.5"权重一致, 所以 vibrant tulip fields:: red::-.5 效果等同于 vibrant tulip fields --no red。

5.Permutation Prompts (排列提示) 使用规则

排列组合提示允许您使用单个 /imagine 命令快速生成提示的变体。在提示中使用大括号 {} 将用逗号分隔的选项列表分开, 可以创建多个版本的提示, 其中包含这些选项的不同组合。您可以使用排列组合提示来创建任何 Midjourney 提示的组合和排列, 包括文本、图像提示、参数或提示权重。只有在使用快速模式时才可以使用排列组合提示。

基本订阅者可以使用单个排列组合提示创建最多 4 个作业。

标准订阅者可以使用单个排列组合提示创建最多 10 个作业。

专业订阅者可以使用单个排列组合提示创建最多 40 个作业。

基础规则用法:在大括号 {} 中分隔选项列表, 以快速创建和处理多个提示变体。

提示示例 /imagine prompt a {red, green, yellow} bird,将创建和处理以下三个作业。

/imagine prompt a red bird（红色的鸟）。

/imagine prompt a green bird（绿色的鸟）。

/imagine prompt a yellow bird（黄色的鸟）。

每个排列组合提示的变体都会作为单独的作业进行处理，每个作业都会消耗 GPU 分钟数。在开始处理之前，排列组合提示会显示一个确认消息。

还记得前面在熟悉 --iw 权重参数时候的示例吗？排列提示同样也可以在参数值中使用：

/imagine prompt:https://s.mj.run/GPFlDJWh8gc a dress --iw {0.5, 1, 1.5, 2} --seed 2177560981

--iw 权重分别为 0.5、1、1.5、2，分别占用 GPU 分钟数，输出四组图片。

我们还可以在单个提示中，使用多个大括号选项组合。

例如，/imagine prompt a {red, green} bird in the {jungle, desert} 可以创建和处理四个作业。

这四个作业的提示分别为：

a red bird in the jungle（一只红色的鸟在丛林中）；

a red bird in the desert（一只红色的鸟在沙漠中）；

a green bird in the jungle（一只绿色的鸟在丛林中）；

a green bird in the desert（一只绿色的鸟在沙漠中）；

当然，排列提示也支持嵌套组合（基础订阅版本无法使用）。

例如, /imagine prompt A {sculpture, painting} of a {seagull {on a pier, on a beach}, poodle {on a sofa, in a truck}}。这会有以下几个提示：

/imagine prompt A sculpture of a seagull on a pier（一个在码头上的海鸥雕塑）；

/imagine prompt A sculpture of a seagull on a beach.（一个在海滩上的海鸥雕塑）；

/imagine prompt A sculpture of a poodle on a sofa.（一个在沙发上的贵宾犬雕塑）；

/imagine prompt A sculpture of a poodle in a truck.（一个在卡车里的贵宾犬雕塑）；

/imagine prompt A painting of a seagull on a pier.（一幅在码头上的海鸥画）；

/imagine prompt A painting of a seagull on a beach.（一幅在海滩上的海鸥画）；

/imagine prompt A painting of a poodle on a sofa.（一幅在沙发上的贵宾犬画）；

/imagine prompt A painting of a poodle in a truck.（一幅在卡车里的贵宾犬画）。

看到这里，你已经完整地了解了热门的 AI 绘画工具—Midjourney

通过阅读 Midjourney 的全面功能介绍以及示例演示，你已经跨入了 AI 绘画的大门。Midjourney 作为当下热门的 AI 绘画工具，相信通过实际操作以及反复测试，很快你就可以对 Midjourney 运用自如了。

扫码观看视频教学

第二章
Stable Diffusion
基础功能

#2

⊙2.1

随时随地用 Stable Diffusion web UI 部署流程

Stable Diffusion 是一款可以在本地电脑运行的 AI 绘画工具, 将 NVIDIA 的 CUDA GPU 作为算力。电脑的硬件入门配置有一些门槛, 我们来看一下 Stable Diffusion 推荐的电脑配置。

操作系统:建议使用 Windows10、Windows11。

运行内存:8GB 以上, 建议使用 16GB 或以上的内存。在内存比较小的情况下, 可能需要调高虚拟内存, 以容纳模型文件。

硬盘:40 GB 以上的可用硬盘空间, 建议准备 60GB 以上空间, 最好是固态硬盘。(基础模型从 2GB 到 10GB, 因此更多的硬盘空间非常必要)。

显卡:最低需要显存 2GB, 建议显存不少于 4GB, 推荐 8GB 以上。因为需要用到 CUDA 加速, 所以只有英伟达显卡支持良好。AMD 可以用, 但速度明显慢于英伟达显卡。当然, 如果你的电脑没有显卡也可以将 CPU 作为算力, 但是需要几百倍的 NVIDIA CUDA GPU 时间进行生成(不推荐)。

如果你对 Python 运行环境部署比较了解, 请登录 github.com 的 Stable Diffusion 的 web UI 制作者页面获取本地部署安装的具体方法。地址为 https://github.com/AUTOMATIC1111/stable-diffusion-webui。

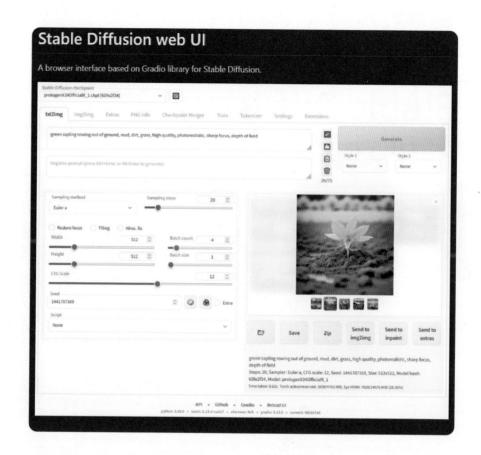

2.1.1 租用 GPU 获取算力——Stable Diffusion web UI 云端部署

如果你的个人电脑硬件配置无法满足 Stable Diffusion web UI 的运行基础配置,或者想提升工作效率,我非常强烈推荐使用云端部署的方式来进行 Stable Diffusion 工具的日常使用。

国内有非常丰富的云端算力资源,如华为、阿里、腾讯等大厂都为开发者以及有算力需求的用户提供了丰富且安全的云端算力服务,但更多的服务内容以及产品服务定价不太适合个人用户,动辄几千元的云端算力使用费用,对大多数人来说非常昂贵。

与大厂的云服务器 / 算力产品相比,一个性价比非常高的平台,成为我们个人用户的首选——AutoDL。

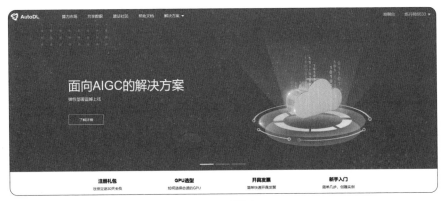

AutoDL 界面

炼丹会员及租用价格

AutoDL坚持为您提供服务稳定、价格公道的GPU租用服务。更为学生提供免费升级会员通道，享极具性价比的会员价格。如何升级会员？

"下表为AutoDL的年度执行的对应会员等级价格，这些价格在2023年内只会调整降低，不会提高"

炼丹会员　　　　　　　　　　　　　　　　　　　　　　普通用户

NVIDIA A100 SXM4 / 80GB 单精 19.5 TFLOPS / 半精 312 Tensor TFLOPS ¥6.68 /时 会员95折	**NVIDIA RTX 4090 / 24GB** 单精 82.58 TFLOPS / 半精 165.2 Tensor TFLOPS ¥2.68 /时 会员95折	**NVIDIA A40 / 48GB** 单精 37.42 TFLOPS / 半精 149.7 Tensor TFLOPS ¥2.68 /时 会员95折
NVIDIA V100 / 32GB 单精 15.7 TFLOPS / 半精 125 Tensor TFLOPS ¥2.28 /时 会员95折	**NVIDIA RTX 3090 / 24GB** 单精 35.58 TFLOPS / 半精 71 Tensor TFLOPS ¥1.58 /时 会员95折	**NVIDIA RTX A5000 / 24GB** 单精 27.77 TFLOPS / 半精 117 Tensor TFLOPS ¥1.23 /时 会员95折
NVIDIA RTX 3080TI / 12GB 单精 34.10 TFLOPS / 半精 70 Tensor TFLOPS ¥1.18 /时 会员95折	**NVIDIA RTX A4000 / 16GB** 单精 19.17 TFLOPS / 半精 76.7 Tensor TFLOPS ¥0.92 /时 会员95折	**NVIDIA RTX 3080 / 10GB** 单精 29.77 TFLOPS / 半精 59.5 Tensor TFLOPS ¥0.87 /时 会员95折
NVIDIA RTX 2080TI / 11GB 单精 13.45 TFLOPS / 半精 53.8 Tensor TFLOPS ¥0.87 /时 会员95折	**Tesla P40 / 24GB** 单精 11.76 TFLOPS ¥0.78 /时 会员95折	**NVIDIA GTX 1080TI / 11GB** 单精 11.34 TFLOPS ¥0.60 /时 会员95折
NVIDIA TITAN Xp / 12GB 单精/半精 12.15 TFLOPS ¥0.49 /时 会员95折	**寒武纪 MLU270 / 16GB** INT8 128 TOPS / INT16 64 TOPS ¥0.86 /时 会员95折	**华为 Ascend 910 / 32GB** INT8 640 TOPS / FP16 320 TFLOPS ¥2.48 /时 会员95折

AutoDL 提供了多种 GPU 算力供用户选择, 租用价格非常亲民

　　以常用的 Stable Diffusion web UI 云端算力为例, 一个具备 24GB VRAM（显存）的 NVIDIA RTX A5000 GPU, 每小时的租用费用仅为 1.23 元, 并且在你不需要使用云端算力时, 点击"关机"后不会产生额外的租用费用。当然, 在用户量高峰期, 你关闭的应用实例, 有可能由于 GPU 数量紧张, 导致无法租用当前的实例 GPU, 但 AutoDL 同样也提供了快

速的数据迁移作为解决方法。接下来为大家介绍一个非常简单易操作的云端部署流程。

首先，我们要在 AutoDL 注册账户，并完成手机号、实名认证。

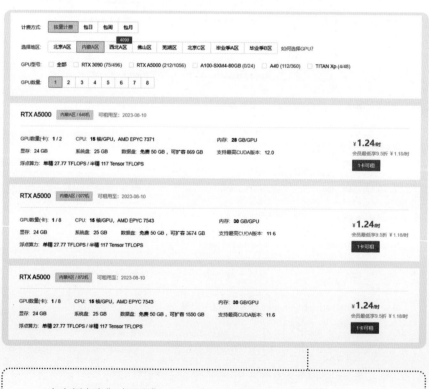

账户注册完成后，进行充值，最低 50 元即可

接下来打开 AutoDL 的算力市场，选择一个可租用并且满足我们算力需求的 GPU。

在右侧点击"x 卡可租"。

进入"创建实例"页面后，选择默认计费方式为"按量计费"。如果你想在某个时间段使用该示例，我们可以根据个人需求选择包日、包周和包月三种方式，进行长期租用的费用更加划算。

为了能存储更多的 Stable Diffusion 各种不同的模型，满足出图效果，建议扩容数据盘，推荐扩容"50GB"。

主机实例规格选择完成后，我们选择"镜像"，来完成 Stable Diffusion 的 web UI 部署。

在"镜像"一栏中,我们选择"社区镜像",并输入"web UI"搜索,在下拉菜单中,就可以选择其他用户配置好的 Stable Diffusion web UI 快速安装镜像了。

社区镜像包有不同的插件以及运行方法,你可以根据自己的需求选择相应的镜像,进行配置。

我们选择一个带有 ControlNet 插件的一键启动镜像。

镜像选择完成后,确认好费用,点击"立即创建"按钮,就进入实例部署的页面了。

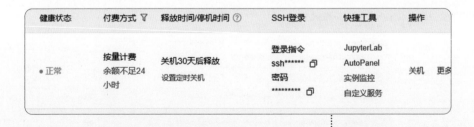

开机后,我们选择快捷工具中的"JupyterLab",进入管理界面。

新的示例会在几分钟内创建完成。

进入后,左侧为磁盘管理,右侧是该镜像的运行说明。

我们根据提示点击相应按钮,运行自动部署。

接下来,启动程序会自动部署,并且加载需要的相关依赖程序和插件程序。部署过程完全自动,需要等待几分钟到十几分钟。

这个镜像的制作者将常用的 xFormers、torch 以及 ControlNet 插件都预置在了镜像中。

```
Create LRU cache (max_size=16) for preprocessor results.
*Deforum ControlNet support: enabled*
Running on local URL:  http://127.0.0.1:6006

To create a public link, set `share=True` in `launch()`.
Create LRU cache (max_size=16) for preprocessor results.
Startup time: 21.7s (import torch: 3.1s, import gradio: 0.9s, import ldm: 1.0s, other imports: 0.6s, load scripts: 11.5s, create ui: 1.6s, gra
dio launch: 2.7s, scripts app_started_callback: 0.1s).
```

在弹出运行地址之后,证明 Stable Diffusion 的 web UI 已经正常启动了。

启动完成,我们需要返回"容器实例"界面。

在这里选择"自定义服务"。

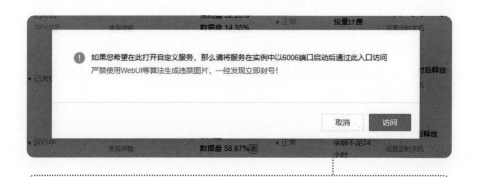

弹出对话框,会有安全提示,在这里点击"访问"按钮。

到这里,你的 Stable Diffusion web UI 就完整的部署、运行完成了,你可以借助云端算力来体验强大的 Stable Diffusion 绘画工具了。

我们来看一下,这个镜像为我们提供的文件数据结构:

文件夹"autodl-tmp"是本云端实例的数据盘目录。

文件夹"stable-diffusion-webui"是 Stable Diffusion 的文件安装目录,在系统盘中。

系统盘根目录。

在目标文件夹中,我们点击 ⬆ 图标按钮,即可向云端实例中上传文件。

文件结构及功能如下:

文件夹地址	文件结构及功能	备注
/stable-diffusion-webui/extensions/	web UI 插件文件夹,插件数据	系统盘
/autodl-tmp/models/ckpt/	主模型文件夹,放置 web UI 主模型	数据盘
/autodl-tmp/models/lora/	LORA 模型文件夹	数据盘
/autodl-tmp/models/vae/	VAE 模型文件夹	数据盘
/autodl-tmp/webui_outputs/	生成的图片文件夹	数据盘
/autodl-tmp/models/Contorlnet/	ContorlNet 模型文件夹	数据盘

在不同的镜像中,文件数据结构可能会不一致,如果你可以更改设置数据结构,建议将所有大型模型文件的地址都更改为数据盘及"autodl-tmp"文件夹下。在下面的教程内容中,我们将逐一介绍各插件和模型的放置位置。

2.1.2 整合包——Stable Diffusion web UI 本地运行

关于本地部署,在这里就不做过多的详细描述了,我们可以通过两种方式完成:如果你经常使用 GitHub,那么就在本章中开头提到的链接地址里自行下载配置;如果你对这些并不熟悉,那么推荐使用爱好者自制的本地一键部署安装包。

	文件名	修改时间 ↓	类型	大小
☐	sd-webui启动器.zip	2023-04-02 00:07	zip文件	9.73MB
☐	启动器运行依赖-dotnet-6.0.11.exe	2023-04-02 00:07	exe文件	54.57MB

下载整合包文件到本地,并且解压"sd-webui 启动器 .zip"。

第一步,先运行"启动器运行依赖 -dotnet-6.0.11.exe"文件,安装依赖程序。

第二步:打开解压后的文件夹,双击运行"sd-webui 启动器 .zip"。

第三步:在启动器的可视化页面,点击"一键启动",运行整合包的 Stable Diffusion WEBUI,启动器会自动运行,并在浏览器中弹出 Stable Diffusion 的界面。

Stable Diffusion 界面

整合包中提供了丰富的功能,并且提供了国内镜像地址,可以流畅地安装 / 更新扩展功能,下载模型,启动器加入的快捷功能和管理功能都有比较详细的介绍,如果你还是无法理解,就再默认设置下启动即可。

2.2 web UI 基础功能简介

下面我们将对 Stable Diffusion 的基础界面进行初步的了解。第一次打开 web UI 界面,非常多的界面内容映入眼帘。在这里,我们把各个区域的功能拆分,熟悉以后还是很好理解的。

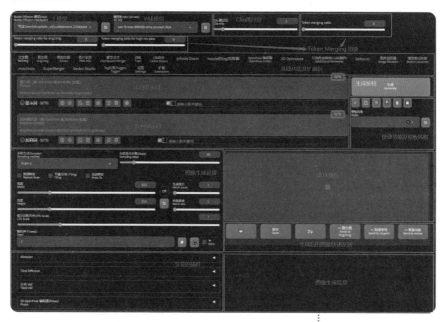

大模型选择区:主模型、VAE 模型。

Clip 跳过层选择区:跳过层数值 1~12。

Token merging 加速区:图生图加速、高清修复加速。

基础功能及扩展功能区:图生图文生图设置扩展以及其他安装的插件功能。

提示词输入区:正向提示词、反向提示词、提示词插件。

快捷功能区:提示词参数提取、清空提示词、显示隐藏附加网络选项、读取保存风格模版。

图像生成设置区：采样算法、面部修复、高清修复、采样迭代步数、图片尺寸、生成批次 / 数量、提示词相关性、随机种子功能。

生成图像预览区：图像生成过程预览、生成结果预览。

图像快捷发送区：图像生成文件夹、保存、压缩；发送到图生图、局部重回、附加功能。

安区装的扩展功能：安装的插件。

图像生成信息区：生成结束的参数或出错的信息提示。

脚本功能区，软件版本信息。

◉ 2.2.1 Stable Diffusion Checkpoint（主模型）和 SD VAE（VAE 模型）

Stable Diffusion 主模型和 VAE 模型

Stable Diffusion 主模型，是控制图像生成的主要算法模型，它的训练数据非常庞大。在 Stable Diffusion 中，主模型控制了图像生成的风格、色彩、类型等，是对生成图像影响较大的基础模型。

VAE 模型，是在主模型的基础上，配合主模型来影响图像生成，我们可以简单地将 VAE 模型理解为滤镜。大多数情况下，VAE 模型影响了图像生成的色彩表现，如果你生成的图像内容，色彩不够艳丽、对比度差等问题，可以配合启用相应的 VAE 模型来使生成的图像更生动。

添加新的模型后，点击右侧的"刷新"按钮，即可载入，无须重启 web UI。

写实成风格主模型	动漫主模型, 无 VAE	动漫主模型 +VAE

加载成功的模型

o 2.2.2 Clip skip (Clip 跳过层)

Clip 跳过层, 范围在 1~12 数值进行选择设置, 它可以被简单地理解为跳过层数值越高, AI 会对提示词内容的理解自由度越高, 计算忽略的过程越多, 会影响生成图像与提示词的关联度, 在大多数情况下, Clip 跳过层数值建议设置为 1 或 2。

Clip skip: 2   Clip skip: 4   Clip skip: 6

Clip skip: 8   Clip skip: 10   Clip skip: 12

提示词:1girl,blue eyes,red clothes,upper body(一个女孩,蓝色眼睛,红色衣服,上半身)

2.2.3 Token merging ratio(Token merging 生成加速)

Token merging ratio 这个功能是通过 Token merging 算法,来提升生成图像的速度,数值越大,生成图像的时间越短,但图像质量会随着时间缩短而降低,这个根据你硬件的情况以及对生成图像质量的要求,可以进行选择性的设定。

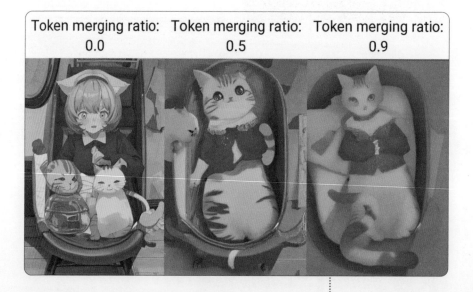

提示词为:a cute cat,三张图片,从左至右生成的时间分别为 4.91 秒、4.39 秒、4.13 秒。

2.2.4 基础功能及扩展功能区

这个区域中包含了 Stable Diffusion web UI 中的默认功能,如文生图、图生图、附加功能、设置、扩展选项,同时也将扩展插件功能整合在这个区域中,我们可以通过点击"选项卡"来打开各功能的界面。

1. 设置界面

2. 图生图界面

3. 扩展插件"3D Openpose"界面

4. 扩展界面

2.2.5 Prompt/Negative Prompt(提示词功能)

提示词界面包含了正向提示词和反向提示词两个部分。与其他生成式 AI 绘图软件一样,提示词内容是引导 AI 理解我们对生成图像最直接的描述。正向提示词内容是我们希望能在图像中生成的描述内容,反向提示词是不希望在图像中生成的描述。

与 Midjourney 一样,Stable Diffusion 目前只能将英文作为输入语言,用","(半角逗号)分割提示词。

从生成的图像来看,在反向提示词中输入 house、building、cars,画面内容中就不会出现这些元素,反向提示词作用与 Midjourney 的"--no"命令实现的效果一致。

2.2.6 快捷功能区

快捷功能操作选择区,从左至右可以实现一些简单的快捷操作,如将一段从"CivitAI.com"网站复制下来的图片生成信息,粘贴在正向提示词内容中,使用第一个按钮 ✔ 就可以快速将提示词内容和图像生成的设置发送到各个功能面板。

如果你想删除所有提示词内容,可以使用垃圾桶按钮 🗑 来完成。

打开附加网络功能界面,可以点击 📑 按钮。

模板风格面板,配合 📑 📑 两个按钮来实现发送风格内容至图像生成操作区,还可以将我们的预设进行保存,从而更快捷的调用我们提前设置好的关键词和生成设置。

2.2.7 图像生成设置区

这个区域的功能,是使用 Stable Diffusion web UI 进行生成前特别重要的生成参数。

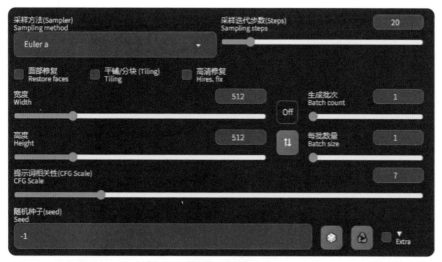

图像生成设置

Sampling method(采样方法):Stable Diffusion web UI 目前提供了 20 多种采样器,采样器通过不同的采样算法配合各种风格模型,在生图效果以及生图速度上都会有所区别,因此采样器需要根据具体的图像生成需求进行选择。

Sampling steps(采样迭代步数):这里的数值可以简单理解为决定采样器的工作步数,范围是 1~150,采样迭代步数越低,图片生成的效果越差,反之则越精细。

Restore faces(面部修复):图像生成中,启用面部修复算法,可改善小分辨率下真人风格照片的人脸效果。

Tiling(平铺 / 分块):生成平铺拼接图像,类似于 Midjourney 中的"--tile"指令。

Hires,fix(高清修复):通过不同的放大算法来实现当前生成图像的放大,同时进行图像内容修复,这是一个常用的功能,对生成图像质量的改善非常有帮助。

Width、Height(图片的宽度与高度):这里指的是生成图像的宽高,单位为像素,建议宽高的数值设定为 512 和 768 的倍数。

Batch count、Batch size(生成批次、每批数量):生成批次指的是点击生成按钮后,需要生成的序列图像数量;每批数量则是同一时间并发生成的图像数量。最终生成的图像数＝生成批次 × 每批数量。例如，设置生成批次为 4，每批数量为 2，最终生成图像数量为 8 张。需要注意的是，若需要抽卡生成多张图像，常规情况下，调高生成批次即可，调高每次数量，会占用大量显存，导致"爆显存"生成失败。

CFG Scale（提示词相关性）：这里指的是，在图像生成的过程中，我们是否需要让机器严格按照提示词内容进行图像生成。CFG 值越低，Stable Diffusion 发挥的空间越大，与我们描述的提示内容关联度越低。合理的 CFG 值则可以生成与提示词描述更接近的图像。而过高的 CFG 值，则会导致图像崩坏。

Seed（随机种子）：默认数值为"-1"，代表随机，若设定一个种子值，则生成的图像会最大化地保持接近。

2.2.8 图像预览、快捷发送和生成信息区

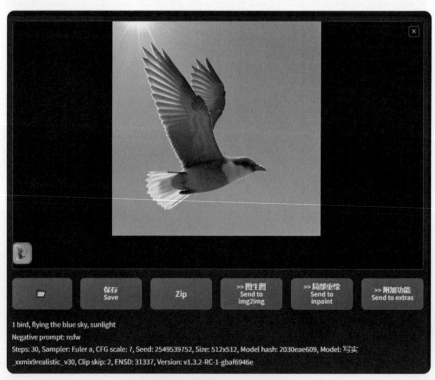

1 bird, flying the blue sky, sunlight
Negative prompt: nsfw
Steps: 30, Sampler: Euler a, CFG scale: 7, Seed: 2549539752, Size: 512x512, Model hash: 2030eae609, Model: 写实
_xxmix9realistic_v30, Clip skip: 2, ENSD: 31337, Version: v1.3.2-RC-1-gbaf6946e

图像预览、快捷发送和生成信息区

在图像生成的过程中,会在预览区出现预览效果和最终生成的图像内容。生成完成后,我们可以使用预览图像下面的按钮,打开图像所在文件夹,或者保存图像,保存成 zip 压缩文件,还可以将生成的图像发送到图生图面板或附加功能,进行进一步的图像调整创作。(这里需要注意的是,如果是在云端 Linux 操作系统,如 AutoDL,第一个"打开图像文件夹"按钮是无效的。)

图像生成完成以后,预览区下面还会记录当前生成图像的生成信息,包括它的正反向提示词内容、CFG 值、随机种子值、图像大小、主模型、Clip 跳过层等非常详细的生成信息记录。

2.2.9 脚本功能及版本信息

在 Stable Diffusion web UI 的默认脚本功能中,提供了一些辅助生图、测试的工具,常用的 X/Y/Z 图表功能也集成在这个区域中。

在完成本书内容的过程中,Stable Diffusion web UI 已经迎来了 1.4.0 版本,运行环境也得到了更新,以便于优化兼容更多新的硬件设备,提升运行效率,相应的运行环境版本信息,在 web UI 底部。

点击"Reload UI"可以快速重新启动并加载 Stable Diffusion web UI。

2.3 了解提示词规则，让 Stable Diffusion 理解你的创意

prompt（提示词 / 描述词），是生成式 AI 工具中，人与机器最关键的沟通方式，与 Midjourney 一样，Stable Diffusion 也有自己的关键词使用规则，只有了解并熟练地掌握了基础的提示词用法，我们才能更好地让 AI 绘画工具理解我们对生成图像的要求。

下面我们就来了解一下 Stable Diffusion 提示词的基础用法。

2.3.1 提示词分割用法

web UI 使用"|"符号，分隔多个提示词，实现混合多个要素。这样的混合用法在生成图像的过程中，分隔的提示词内容会同时进行，并且混合比例为 1:1。

示例：我们输入提示词"1girl,red|blue hair, long hair,upper body"（一个女孩，红色与蓝色头发混合，长发）。

我们用"|"符号分割了 red 和 blue 两种颜色，生成的图像则根据提示词规则，完成了发色生成。

这张图的提示词内容为 "1girl, red|pink|yellow flower"。

2.3.2 提示词交替用法

Stable Diffusion 提示词的交替用法，需要使用"[ ]"+"|"符号组合完成，按照顺序轮流完成提示词中的描述信息。

示例 1：我们输入提示词"[dog|cow] in a field"。

示例 2：我们输入提示词"[dog|cow|bird], full body"。

这样我们就得到了一只保留狗和奶牛的混合体。

这样我们就得到了狗、牛、小鸟的混合体。

2.3.3 "AND"规则与用法

示例 1：我们输入提示词"a dog AND a cat"。

示例 2：这里我们输入提示词"1girl,red hair AND blue hair, long hair,upper body"。

我们发现，与"|"分隔提示词方式相比，"AND"的融合度会更自然。

通过使用"AND"，同样也融合了发色。

2.3.4 [from:to:when] 提示词规则用法

与字面上的大致逻辑一样,在 [from:to:when] 中,"from"中填写需要描述的初期状态,"to"则填写的是变化后的状态,而"when"则代表 AI 绘画过程中,从什么时间开始发生变化。

示例 1:提示词为"1 girl with very long [red:blue:0.3] hair,upper body"。这里的标红部分代表,从前面 30% 的过程需要 AI 绘制红色的头发,后面的 70% 绘制蓝色头发。

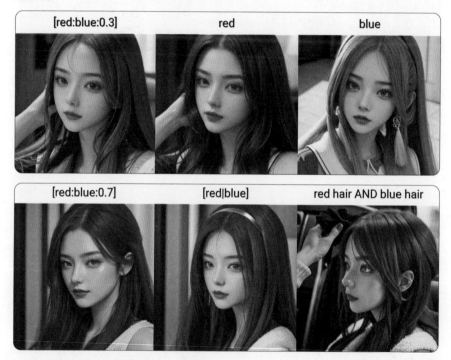

与前面"|"和"AND"用法对比不难发现,[from:to:when] 用法的色彩提示词的融合度更自然。

在 [from:to:when] 中,以上的"when"部分,我们填写的是数字在 0~1 的小数,那么如果"when"的数值大于等于 1,其中的数字则代表前面绘制的步数。这里的步数与采样迭代步数有关,下面我们将采样迭代步数设置为 30。

采样迭代步数,权重为 30

示例 2:提示词为"1 girl with very long [red:blue:10] hair,upper body"。这里代表前 10 步绘制红色,10 步以后绘制蓝色。

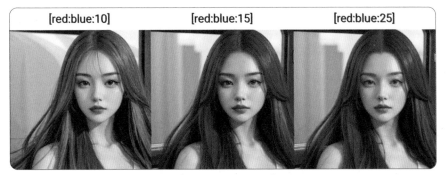

从对比图中能看到,[red:blue:10] 与 [red:blue:0.3] 的效果非常接近

[from:to:when] 的变形用法:

[to:when] 和 [form::when],这两种变形用法分别代表:

[to:when] 指的是,指定在多少步后,来绘制提示词描述的内容,如提示词为"[a dog:0.3],running on the land"。

[a dog:0.3] 指的是,从 30% 以后,剩下的 70% 绘制小狗,所以左侧的画面,在前 30% 绘制的是一个场景,后面的 70% 才开始对小狗进行绘制。

[form::when] 指的是,指定在多少步以后,不再绘制提示词描述的内容,如提示词为"[a dog::0.2],running on the land"。

这里,在 [a dog::0.2] 生成的图像中出现了有意思的现象,这正是因为根据提示词的规则,在 20% 以后,要求 AI 停止对小狗的绘制,所以 AI 刚刚绘制出一个小狗的动作形态,被终止绘制后,被换成了人物,画面中人物动作和初步绘制的小狗保持了一致。

○ 2.3.5 提示词权重的用法

在生成式 AI 绘画的工具中，基础的规则是，靠前的提示词权重高于靠后的提示词内容，所以在进行提示词编写时，我们尽可能要将整体的画面风格质量和突出的人、物写在最前，让 AI 能够更好地去绘制画质和主体。

如果在进行画面调整过程中，通过调整提示词来完成和我们需求一致的图像，还可以通过以下几种方式来调整提示词的权重。

在不进行权重改变的情况下，所有提示词默认权重为 1。调整提示词权重的方法是在单个提示词短语或多个提示词语句两侧使用"( )"。例如，你想调整"1girl"的权重，方法是"(1girl:1.3)"，这个写法代表——增加"1girl"提示词权重为 1.3 倍；"(1girl:0.8)"，则代表将"1girl"提示词权重更改为原有的 0.8 倍。在新版的 Stable Diffusion web UI 中，我们可以通过编辑提示词文本内容来实现权重调整，也可以选中需要调整的提示词，使用快捷键"Ctrl+ 上 / 下键"进行调整。

另外，Stable Diffusion 还有两种方式进行提示词的加权、降权：

"( )"的叠加增加提示词权重，每一层"( )"都是增加了 1.1 倍权重，例如："(((1girl)))"，权重 =1.1× 1.1× 1.1=1.331。

"[ ]"的叠加降低提示词权重，每一次"[ ]"都是降低了 1.1 倍权重，例如"[[[1girl]]]"，权重 =1/1.1/1.1/1.1 ≈ 0.751。

生成你的第一个 Stable Diffusion 图像：

了解了 Stable Diffusion 的提示词规则和使用方法后，你是不是已经迫不及待地想要动手去生成一个高质量的照片了呢？

在这里我使用上述的提示词规则来完成几个 AI 绘画作品，再让眼睛休息一下吧。

AI 生成——插图 1

AI 生成——插图 2

正向提示词:masterpiece,best quality,(sunlight:1.1), (extreme details :1.1),portrait photo,fashion shot,A girl long [blue:red:0.7] hair,holding a puppy smiling happily on the white couch

正向提示词:nsfw,(((simple background))),monochrome ,lowres, bad anatomy, bad hands, text, error, missing fingers, extra digit, fewer digits, cropped, worst quality, low quality, normal quality, jpeg artifacts, signature, watermark, username, blurry, lowres, bad anatomy, bad hands, text, error, extra digit, fewer digits, cropped, worst quality, low quality, normal quality, jpeg artifacts, signature, watermark, username, blurry, ugly,pregnant,vore,duplicate,morbid,mut ilated,tran nsexual, hermaphrodite,long neck,mutated hands,poorly drawn hands,poorly drawn face,mutation,deformed,blurry,bad anatomy,bad proportions,malformed limbs,extra limbs,cloned face,disfigured,gross proportions, (((missing arms))),(((missing legs))), (((extra arms))),(((extra legs))),pubic hair, plump,bad legs,error legs,username,blurry,bad feet

AI 生成——插图 3   AI 生成——插图 4

正向提示词:masterpiece,best quality,(lighting:1.1),(extreme det ails:1.1),([dog|bird|cat]:1.3),smiling,fashion shot,upper body,dancing in the club

反向提示词:Nsfw

正向提示词:masterpiece,best quality,ultra highres,8k resolution,realistic,ultra detailed1,RAW photo,(1boy, short hair,blue eyes,:1.3),superspeed running sideways,wearing many clothes,<lora:Superspeed_running:0.8>

反向提示词:nsfw,(((simple background))),monochrome ,lowres, bad anatomy, bad hands, text, error, missing fingers, extra digit, fewer digits, cropped, worst quality, low quality, normal quality, jpeg artifacts, signature, watermark, us-ername, blurry, lowres, bad anatomy, bad hands, text, error, extra , digit, fewer digits, cropped, worst quality, low quality, normal quality, jpeg artifacts, signature, watermark, username, blurry, ugly,pregnant,vore,duplicate,morb id,mut ilated,tran nsexual, hermaphrodite,long neck,mutated hands,poorly drawn hands,poorly drawn face,mutation,deformed,blurry,bad anatomy,bad proportions,malformed limbs,extra limbs,cloned face,disfigured,gross proportions, (((missing arms))),(((missing legs))), (((extra arms))),(((extra legs))),pubic hair, plump,bad legs,error legs,username,blurry,bad feet

2.4

web UI 模型及插件放置位置

在 Stable Diffusion 中，想要实现不同风格的图像生成，主要依赖的是 Stable Diffusion 的模型。与 Midjourney 不同的是，基于 Stable Diffusion 的开源属性，AI 画师不仅可以使用官方提供的超级大模型，还可以根据需要，在一些开源模型网站中，选择使用开发者 / 爱好者训练发布的各种模型。若具备技术条件和丰富的训练素材，我们还可以根据个人 / 企业的需要，训练出属于自己应用领域的模型，更加精准地控制图像生成。

除了 Stable Diffusion 的基础大模型，Stable Diffusion web UI 还提供了其他种类的模型，配合大模型，用更丰富的算法组合，更加轻便快捷地控制图像生成风格和内容。

常用的模型种类：

1、Stable Diffusion 大模型。

2、VAE 模型。

3、LORA 模型。

4、嵌入式 Embedding。

5、其他功能插件所需的算法模型。

2.4.1 Stable Diffusion 大模型

Stable Diffusion 大模型，也可以称为主模型，是 Stable Diffusion 工作环境的必备条件，在初次安装 Stable Diffusion 后，必须在文件系统中有一个完整的大模型文件，才可以正常运行 Stable Diffusion web UI。

大模型控制了图像整体的生成风格，随着各领域的 AI 绘画爱好者的不断尝试，大模型的风格也越来越多。大模型与大模型之间还可以进行一定程度的融合，以达到更加丰富的融合效果。

从左至右侧分别为二次元风格、写实风格、半写实国风、2.5D。

2.4.2 VAE 模型

在 Stable Diffusion 中，可以配合相应的大模型来微调图像生成，主要影响的是图像生成的色彩表现，我们可以简单地将其理解为 Stable Diffusion 的滤镜。当然，VAE 模型的应用也需要和对应的 Stable Diffusion 大模型版本相匹配。

需要注意的是，一些大模型中已经融合了 VAE 模型，如果再次加入 VAE 模型，可能会导致生成更差的图像效果，所以在配合 VAE 模型生成图像前，需要了解大模型制作者提供的模型训练信息，选择合适的 VAE 模型。

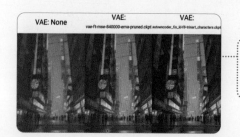

从左至右分别为无 VAE、VAE1、VAE2。

2.4.3 LORA 模型

LORA 模型是一种超网络图像生成微调模型。由于训练成本低, Stable Diffusion 通过配合使用 LORA 模型, 不仅可以实现画风、色彩的变化, 还可以将具体的人物、动物、植物、产品等丰富的内容元素在原有大模型的基础上进行调整。

LORA 模型的调用方法非常简单, 只需要在 LORA 模型选项中, 点击 LORA 模型, 调用的内容直接会被添加在正向提示词输入框内, 修改权重即可使用, 权重范围为 0.1~1,与关键词权重的调整方法类似。

以上六张图片，使用了相同的大模型、VAE，固定种子，加入了六种不同的 LORA 模型，其他参数一致。

2.4.4 嵌入式 Embedding 模型

它是 Stable Diffusion 另外一种微调模型，它的体积更小，调用方法更加简单。现在常用的 Embedding 模型，主要被用在修正画面和固定某个内容的风格，省去了我们输入大量提示词带来的麻烦，同时也非常有效。

与调用 LORA 模型方法类似，点击快捷功能区的 按钮，即可打开超网络模型的菜单。

点击快捷功能区的 按钮。

我们选择嵌入式 Embedding 模型"badhandv4"。

选择并点击需要使用的模型，可以将模型的调用激活提示词发送到相应的提示词区域内。

badhandv4 模型的激活词被发送到反向提示词区域中。

模型提示词

模型类型	存放位置
Stable Diffusion 大模型	X:\ 你的 SD 目录 \models\Stable-diffusion
VAE 模型	X:\ 你的 SD 目录 \models\VAE
LORA 模型	X:\ 你的 SD 目录 \models\Lora
嵌入式 Embedding 模型	X:\ 你的 SD 目录 \embeddings

以上介绍的几个种类的模型，是目前 Stable Diffusion 中常使用的，还有一些即将流行起来的模型类型会随着 web UI 的迭代变得活跃起来。

2.5 插件的安装与调用

不同种类的模型组合，可以控制图像的画面风格、色彩、光影。随着 Stable Diffusion 在各种应用场景下带来的效率提升，更多的开发者 / 爱好者，在开源平台上制作并发布了整合 Stable Diffusion web UI 的丰富功能插件，为 AI 绘画提供了更加精准的控图功能，降低了使用难度。

Stable Diffusion 插件，主要都发布在开源平台 GitHub.com 网站，我们通过 GitHub.com 的搜索功能，可以找到各种插件的发布地址，插件的制作者会在相关的插件页面对插件的安装方法、使用方法以及功能演示提供较详细的介绍。

2.5.1 GitHub/GitCode 网站根据制作者提供的信息安装插件

如果访问 GitHub.com 出错，我们还可以通过 GitCode.net 网站找到相应的插件镜像。

GitCode 网站界面

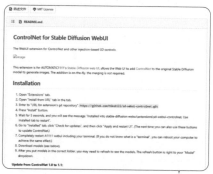

Stable Diffusion 核心的 web UI 控图插件 ControlNet 镜像页面。

ControlNet 制作者提供的插件安装方法以及对应功能的模型下载地址。

2.5.2 找到插件安装发布网址，在 web UI 中安装插件

Stable Diffusion web UI 中提供了插件扩展功能，在 web UI 中，进行几步操作就可以完成。

首先，我们在基础功能级扩展区域找到"Extensions 扩展"选项。

在"Extensions 扩展"选项卡中，找到"Install from URL 从网址安装"选点，并选中。

在插件的发布页面，找到"Clone 克隆"按钮。

badhandv4 模型的激活词, 被发送到反向提示词区域中。

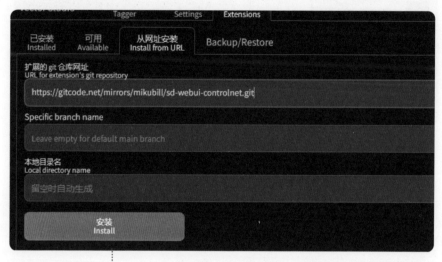

返回 Stable Diffusion web UI, 将复制下来的安装地址粘贴进"URL for Extension's git repository 扩展的 git 仓库网址"中, 点击下方的"安装"按钮。

安装完成后, 选择"Extensions 扩展"选项下的"Installed 已安装"选项卡, 点击"Apply and restart UI 应用并重启用户界面", 等待 web UI 重新启动, 就可以找到安装好的插件并使用。

2.5.3 使用 Stable Diffusion web UI 内部扩展功能安装插件

在"Extensions 扩展"选项卡中，找到"Available 可用"选项，点击下方的"Load from 加载自"按钮。

在下方加载出的插件列表中，搜索所需的插件，在对应的右侧，点击"Install 安装"按钮。

安装完成后，选择"Extensions 扩展"选项下的"Installed 已安装"选项卡，点击"Apply and restart UI 应用并重启用户界面"，等待 WEBUI 重新启动，即可找到安装好的插件并使用。

在插件发布地址页面中，点击"Clone 克隆"按钮，在下方弹出菜单中，"下载源代码"区域点击"zip"，下载插件的压缩文件。

解压下载的压缩文件。

打开已解压的文件夹，"复制"整个文件夹。

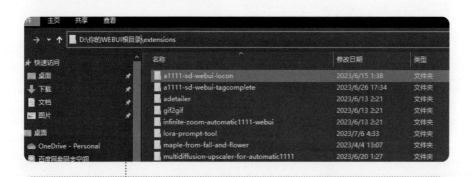

将文件夹，"粘贴"到你的 web UI 目录下的"Extensions"文件夹内。

重新启动 Stable Diffusion web UII。

通过上述方法，就可以完成各类 Stable Diffusion web UI 中的扩展插件本体了。当然，不同的扩展插件会对本地或者云端的基础运行环境、依赖程序有所不同，建议读者还是经常关注 GitHub/GitCode 两个开源社区提供的详细安装步骤和信息。

从我的经验来看，能否稳定地访问 GitHub 是成功安装好插件的关键，导致安装失败的大概率原因是由"网络问题"导致的，所以需要各位 AI 绘画师搭建好自己的网络运行环境，从而更加方便地使用 Stable Diffusion 的各类插件功能。

在"秋叶"启动器中,可以通过国内镜像进行插件更新以及切换不同版本,可根据具体需求进行配置。

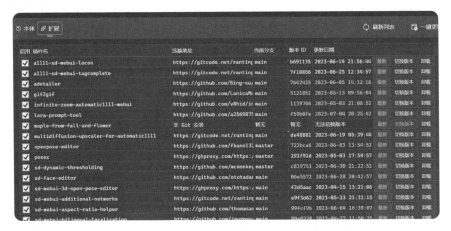

2.6

降低使用门槛,好用的 web UI 插件推荐

由于 Stable Diffusion 在 AI 绘画领域的热度持续走高,更多的开发者 / 爱好者都参与了 Stable Diffusion web UI 各个领域的应用分享活动,为 AI 画师提供了上百种不同应用方向的功能插件。对于一些刚刚熟悉 Stable Diffusion 的读者来说,本身就不具备科技行业或者软件编程的基础,如何选择出能够辅助我们用好 Stable Diffusion 的插件,变得不太容易。

在这里,我为广大的 Stable Diffusion 初学者提供了一些常用的扩展插件。

2.6.1 prompt all in one,用中文写提示词的插件

插件地址:https://github.com/Physton/sd-webui-prompt-all-in-one.git

插件简介:这是一个基于 SD-web UI 的扩展,旨在提高提示词 / 反向提示词输入框的使用体验。它拥有更直观、强大的输入界面功能,提供了自动翻译、历史记录和收藏等功能。

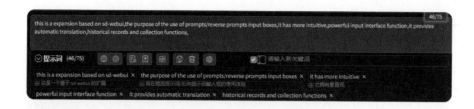

2.6.2 wd14-tagger 图片内容识别，反推提示词

插件地址：https://github.com/toriato/stable-diffusion-webui-wd14-tagger.git

插件简介：使用各种模型询问单个或多个图像文件的 booru 样式标签，根据不同算法，反向推导出输入图片的 tag 信息，并且进行分析。在我们不知道如何用提示词去描述一个图片内容时，wd14-tagger 插件能帮我们快速地解决这个问题。

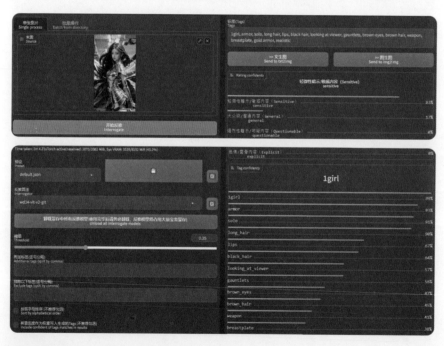

2.6.3 face-editor，快速修复图像中人脸

插件地址：https://github.com/ototadana/sd-face-editor.git

插件简介：这款插件可以快速修复图片中的一个或者多个人物面部，并且可以进行精准控制，如表情、妆容、头发等。

2.6.4 dynamic-thresholding，动态提示词修复功能

插件地址：https://github.com/mcmonkeyprojects/sd-dynamic-thresholding.git

插件简介：支持使用更高的 CFG 刻度而不会出现颜色问题，可以在很高的 CFG 提示词相关性数值上生成更加生动、富有想象力的照片，且高强度的绘制提示词内容，不会让图片看起来很奇怪。

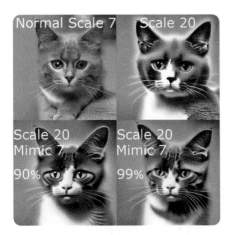

扫码观看视频教学

第三章
Stable Diffusion web UI #3
重点功能详解

3.1 详细解读文生图

3.1.1 文生图操作流程

在前面的内容中,我们了解了 Stable Diffusion web UI 基础操作界面的布局和功能,在所有 Generative AI(生成式人工智能) 的 AI 绘画工具中,使用提示词让 AI 生成、创建图像是最基础也是最核心的功能。Stable Diffusion web UI 中,"txt2img 文生图"就是这个工具发挥创造力的重要基础。

熟练掌握"txt2img 文生图"的工作逻辑、操作流程以及参数设置,才能更好地协助我们完成 AI 绘画创意,并进行更加细致的调整。

文生图的操作使用,可以根据下面的流程进行:

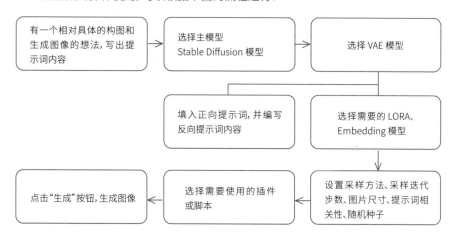

根据这个流程,来做一次实例的演示:

首先,我现在希望生成的图像是一个真实的照片,一个长相甜美的长头发年轻女孩,穿着 T 恤和牛仔裤,她作为画面的主体,全身照,背景是一个城市的街道。

有了一个大概的想法以后,我们首先要选择一个写实风格的主模型,这里我们选择了主模型"beautifulRealistic_v60",VAE 模型选择了通用的"vae-ft-mse-840000-ema-pruned"。

接下来我们将编写好的提示词填写进正向、反向提示词输入框内。

提示词为"masterpiece,best quality,sunlight,extreme details,portrait photo,fashion shot,1 girl,long hair,wearing T-shirt and jeans,solo,full body shot, the street background"。

选择一个风格的 lora,这里我们选择"cuteGirlMix4_v10"。

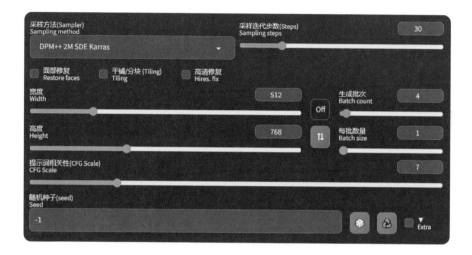

`<lora:mix4:0.6>`

提示词输入 LORA 权重为 0.6。

设置生成参数,采样方法选择"DPM++ 2M SDE Karras";采样迭代步数为"30";图片宽度 512 像素,图片高度 768 像素;生成批次为"4",每批数量为"1";提示词相关性为"7";随机种子为"-1"(不固定种子)。

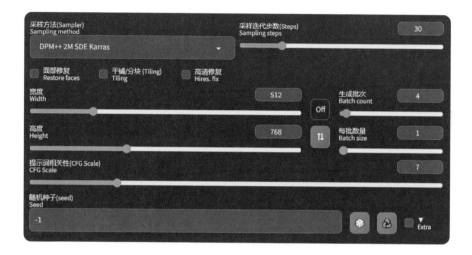

这里我们选择了一个修复面部的插件"After Detailer",点击启用。

点击生成。

通过上述的操作,就可以在"txt2img 文生图"功能中得到我们想要的图像了。

3.1.2 一步生成高质量图片——高清修复

在"txt2img 文生图"功能中,还有一个重要的功能——"hires.fix 高清修复",这个功能可以在图像生成的过程中,利用方法算法,使生成的图片更加高清,画面内容更加细致。简单来说,"hires.fix 高清修复"功能是在生成设定的图像尺寸后,以这张小图作为参考,在这个参考图基础上,将原有图像拉伸放大若干倍,利用放大算法,将图像变为更加清晰,细节更加丰富、质量更高的图像。

选择此图进行高清修复

应用方法:

在前面生成的四张图像中,我们非常喜欢其中某一个图像的构图,想将这张图像变为更加清晰、质量更高的图像,可以通过下面的流程来实现。

固定之前生成图像的模型、参数、提示词等不变,将生成批次和数量改为 1

↓

提取被选中图像的固定随机种子

↓

打开高清修复,并设置相应的参数

↓

点击"生成"按钮,生成图像

操作方法如下：

模型、参数设置保持不变。

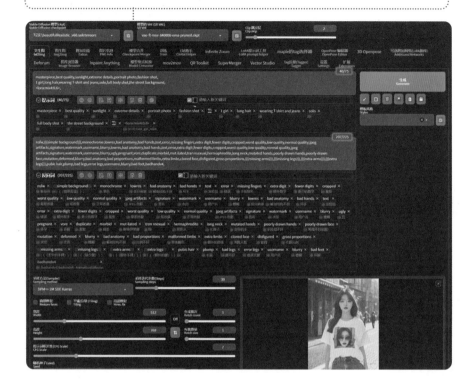

点击"回收"按钮，提取选中图像的随机种子。

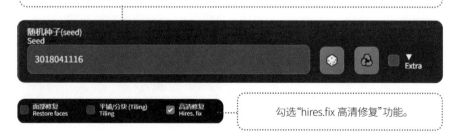

勾选"hires.fix 高清修复"功能。

放大算法选择了"4x-UltraSharp"，高清修复采用次数为"0"，重绘幅度"0.3"，放大倍率选择"2"。原有设定的宽高为 512×768 像素，放大倍率调节为"2"以后，高清修复生成的图像尺寸将变为 1024×1536 像素，所以这里的放大倍率是将放大前设定的图像宽度和高度分别乘以 2，得到最终生成的尺寸。

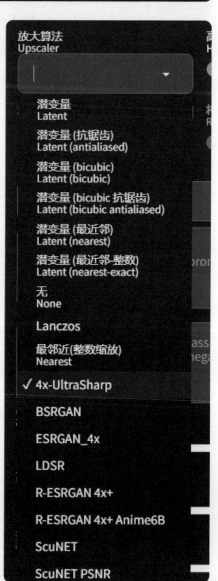

返回 Stable Diffusion web UI 右侧，点击"生成"按钮。

高清修复后的图片

开启高清修复后，生成的图片清晰度、细节和图像质量明显提升了一个级别，这个就是高清修复功能的基础用法。

到这里，我将高清修复功能中的两个重要的参数变化为大家做一些对比。

我们先来看"Upscaler 放大算法"。Stable Diffusion web UI 的高清修复功能可以调用数十种放大算法。由于算法在不同的模型、图片类型中，都会有不同的表现，所以在选择高清放大算法时，尽量选择比较通用的算法模型。当然，你也可以在固定大模型的条件下，通过更换放大算法来找到你认为最比较合理的方法。

接下来，我用两个模型来对放大算法进行一次测试。

这里我们使用了两个大模型进行对比，分别为动漫风格的"Anything V5"、写实风格的"beautifulRealistic_v60"，配合了七个高清修复功能中的放大算法。

两个 latent（潜变量放大）算法的表现都出了比较严重的问题，当然，目前 Stable Diffusion 在使用高清修复功能时，这两种放大算法已经不再流行。

4x-UltraSharp 算法，在动漫和写实风格的两个大模型的表现都比较出色。（推荐使用）

大多数情况下，ESRGAN-4x 算法更加适用于写实风格的图像生成。

而 R-ESRGAN 4X+ Anime6B，则是专门为动漫风格的图像生成设计。

放大算法的选择在开启高清修复后，对图像生成的影响比较明显，常规情况下，请使用我推荐的算法来完成。

"Dinosing Strength 重绘幅度"，代表在高清修复过程中，将原有的图像作为参考后，重新绘制内容时改变内容的数量。我们是用几组测试图来找到不同重绘幅度之间的差别。

这里我们还是保持两个大模型不变，分别为动漫风格的"Anything V5"、写实风格的"beautifulRealistic_v60",放大算法为"4x-UltraSharp"。

提示词内容我们还保持之前生成"女孩在街上"的内容不变,采用写实风格以及动漫风格的两种模型,对放大算法进行生成图像的对比。

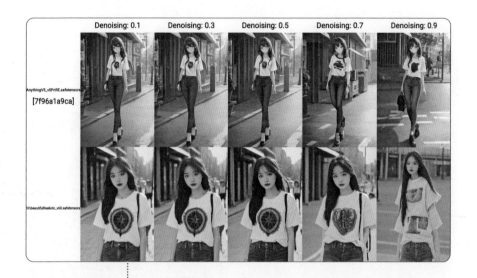

重绘幅度 0.1~0.5,生成图像的构图、内容、色彩和细节元素都没有明显改变,如果你希望生成的照片更多地保持原有内容和风格,请使用这个范围。

重绘幅度在 0.7 以上,产生的内容变化就比较明显了,如果你需要让 AI 释放创意,则可以选择 0.7~0.75。

更高的重绘幅度不建议尝试,图像内容生成的变化会更大,并且有可能产生其他不合常理的问题。

重绘幅度代表了在小参考图基础上,生成图像变化幅度的大小,重绘幅度范围是0~1,数值越大,变化内容越多。

这里需要注意的是,高清修复中的放大算法和重绘幅度,在 Stable Diffusion 的基础应用中很常见,在后续介绍的"图生图"功能以及各种图像放大插件,都会有这两个参数的出现,需要读者朋友们在此处多做尝试,来更好地理解它们的定义和用途。

◎3.1.3 两个不常用的基础功能——面部修复和平铺 / 分块

面部修复	平铺/分块 (Tiling)	高清修复
Restore faces	Tiling	Hires. fix

在"txt2img 文生图"中，在"(Restore faces) 高清修复"功能旁边还有两个基础功能，其中"(Restore faces) 面部修复"采用了两种面部修复算法，用来修复生成图片的面部细节。在 Stable Diffusion web UI 应用的初期，在生成人物图像时，"(Restore faces) 面部修复"功能几乎是必须打开的功能，但它的修复方式并不能满足所有的需求。与现在更多更新的修复方法相比，"(Restore faces) 面部修复"功能已经不再流行。

另一个功能"Tiling 平铺 / 分块"，与前面提到的 Midjourney"--tile"参数带来的效果几乎一致，也是可以生成平铺的无缝拼接元素，应用场景相对有限。

两个功能在这里做一个基础的演示：

面部修复的对比中，我们用三种模式，分别为关闭面部修复、开启面部修复和用其他方式修复面部。

生成图像的尺寸固定为 512×768 像素。

在人脸占据较大图像空间的情况下，打开"面部修复"更像是给已经生成的人脸做了一次磨皮，丢失了人脸细节。

在人脸占据图像比例较小的情况下，打开"面部修复"并没有对人脸的扭曲起到修复效果。

显而易见的是，关闭"面部修复"或者采用其他人脸修复方式，效果更佳。

"(Restore faces) 面部修复"功能修复效果并不理想，大部分 AI 画师已经不再用此方法直接生成图片，而采用其他的修复人脸崩坏的方式，在后续的内容中，我会带来更好的修复人脸方法。

下面是"Tiling 平铺 / 分块"功能生成的图像效果。

勾选打开"Tiling 平铺 / 分块"，提示词：masterpiece,best quality, sunlight, extreme detailed, seme flowers, (green and pink sytle:1.3)。

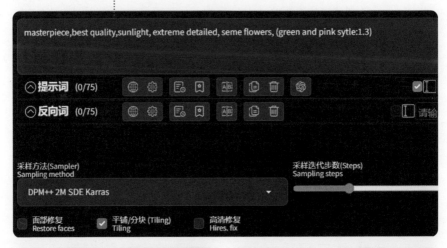

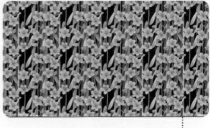

我们将这张图片以"平铺"方式设置为桌面背景。

至此，"txt2img 文生图"的基础功能已经向大家介绍并演示得比较完整了，希望读者朋友结合前面的文章内容进行多次练习，体会不同功能的差别和特性，从而为后面的 Stable Diffusion web UI 应用打下牢固的基础。

3.2

更灵活的图像创作方式——图生图

我们掌握了"txt2img 文生图"的操作流程后,使用"img2img 图生图"功能,则能够为 AI 绘画带来更多的可能性。顾名思义,"img2img 图生图"这个功能是需要一个参考图才能进行的 AI 绘画功能,参考图的来源可以是从"txt2img 文生图"中生成的图像,也可以是任意一张网络图像或者你自己手绘拍摄甚至是一个 3D 建模产生的渲染图像。

我们可以把"img2img 图生图"理解成为"txt2img 文生图"的一种变体。在前面我们提到的高清修复功能,仅能在生成图像的流程中,对开始生成的图像进行放大、修复、增加细节或者修复人脸等处理。"img2img 图生图"是将整个流程进行了分解,分步、分区域处理调整图像。

打开"img2img 图生图"界面,我们发现它与"txt2img 文生图"的界面非常相似,并且在提示词输入框下方,还提供了更多功能供我们使用。

下面我先从图生图的基础工作流程开始进行实例操作。

| 图生图 img2img | 绘图 Sketch | 局部重绘 Inpaint | 局部重绘(手涂蒙版) Inpaint sketch | 局部重绘(上传蒙版) Inpaint upload | 批量处理 Batch |

首先,我们锁定"img2img 图生图"功能,进行介绍。

首先我们拖入一张动漫风格的小姐姐照片到图生图的参考图界面中。

这张图片由"txt2img 文生图"生成, 我用已经编辑好的提示词内容, 对这张图像进行处理。

提示词内容为"1girl,perfect waist to hip ratio,(dress),(long),(flared),(texture),(bandeau),(belted),(sleeveless),(flowy),(solidcolor),(nopattern),solo,(simplebackground:1.2),(whitebackground:1.2),upper body,<lora:cloth_20230704045144:0.6>"(其中加载了一个和衣服风格相关的 LORA 模型)。

我的需求是, 想将这个动漫风格的图像, 转换为 2.5D 偏写实的风格, 因此我选择了一个写实风格的大模型, 并加入了 VAE 模型, 分别为"xxmix9realistic_v30"和"vae-ft-mse-840000-ema-pruned"。

在接下来的参数设置中, 我选择了一个用于风格转换的设定, 如下:

缩放模式:拉伸　　采样方法:DPM++ 2S a Karras　　采用迭代步数:30

图片宽高与原图保持一致:512×768 像素　　生成批次:4

提示词相关性:7　　重绘幅度:"0.5　　种子为随机(-1)

点击"生成"按钮。

生成图像如下:

我们采用了写实风格的大模型,在中等的重绘幅度"0.5"下,得到了四个与原图大小一致的写实风格美女图片,你会发现这四个新生成的图像,构图、姿态、衣服和导入的动漫风格参考图基本保持了一致。

在这个环节中,"img2img 图生图"功能增加的"缩放模式"主要影响的是在调整生成图像的宽高比例后,采用哪种方式对图像额外或者多余的部分进行处理。

我们上传的参考图尺寸为 512×768 像素,比例为"1:1.5",我们改变生成的图像大小为 768×768 像素,比例为"1:1",下面是四种模式的对比。

Resize and fill 填充	Just resize（latent upscale）直接缩放（放大潜变量）

Just resize 拉伸：将图像的最小边直接拉伸至与长边一致的长度，图像尺寸比例与目标尺寸一致，但是会导致图片变形。

Crop and resize 裁剪：以图像的中心点，将图像长边两侧裁剪掉，维持原图内容的图像比例。

Resize and fill 填充：保持原图内容的比例不变，扩充短边缘两侧的内容，与目标尺寸保持一致。

Just resize（latent upscale）直接缩放（放大潜变量）：先将图像的最小边拉伸至与长边一致长度，再通过潜变量放大算法绘制图像。（不常用）

可以看到，这四种缩放模式适用的范围有所区别，可根据个人的绘图需求选择。通常情况下，选择"拉伸"，并将生成图像的目标尺寸修改为与原图比例一致即可。

"img2img 图生图"的基础功能，通过上面的功能演示相信读者朋友已经有了初步的概念。"img2img 图生图"大板块下的分支功能，可以在参考图的色调、构图基础上完成全局绘制，我们可以利用图生图的"缩放模式"结合生成图像尺寸对图像进行放大、裁剪以及改变图像的画风。

在这个板块中，需要各位读者多去尝试改变图像尺寸后，生成的图像与原图产生的差异，还有一点是通过改变不同的重绘幅度数值，再次巩固"txt2img 文生图"高清修复中,重绘幅度变化对生成图像的影响,加强对重绘幅度参数的理解。

接下来,我们紧跟上面"img2img 图生图"的功能,延展下一个分支板块——"Sketch 绘图"。

"Sketch 绘图",功能是"img2img 图生图"分支延展出的一个功能,这个分支的功能,可以在我们上传的参考图上,用画笔进行一些粗略的绘制,来完成在不改变构图的基础上,在绘制的部分生成我们需要的画面元素。用法分为两种,下面我们来对这个功能的使用流程进行一个简单的梳理。

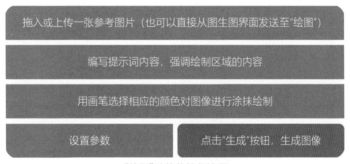

"绘图"功能的操作流程

先将一张生成的图片拖入"img2img 图生图"板块中的"Sketch 绘图"分支。

与"img2img 图生图"分支不同的是,在上传图像区域的右上角,出现了一个小工具栏。

工具栏的功能

↺ 返回上一步

◇ 擦除涂抹的区域

✎ 调节画笔大小

◉ 色板,选择颜色

在这张图中，我们希望可以让白色的背景变成蓝天，所以在提示词中，我们输入"blue sky"。

涂抹完成后，调节一下生成图像的参数（这里基本与"图生图"分支一致）。不同的是，这里的"重绘幅度"需要调高，建议在 0.75 以上，否则生成的绘制部分的内容基本无改变，融合度也较低。

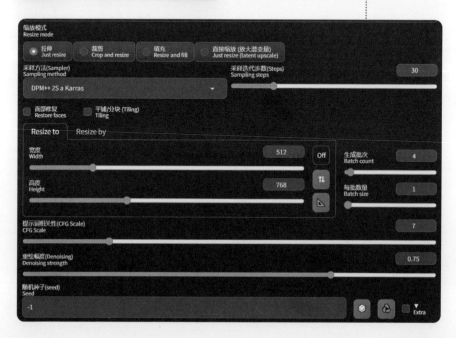

从生成的图像中可以看到,涂抹区域的部分与我们的提示词描述一样,从空白背景变成了蓝色的天空,并且生成的人物也融入了背景,同时保留了构图、人物的视角以及相近的外观样貌。

在这里,较高的重绘幅度使图像的主体样貌发生了改变,但调低重绘度会造成背景与人物的融合度不够。

如果将重绘幅度调整为"0.5",在生成的图像中,虽然人物主体变化很小,但是在"Sketch 绘图"分支功能下,我们只能得到一个构图变化不大,但主体样式发生改变的结果,可作为生成创意的前期功能使用。

当然,"Sketch 绘图"功能还可以在一个完全抽象,用颜色表示的参考图内,结合提示词内容,生成一些 AI 理解的图像内容。

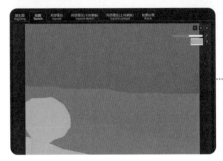

我们可以上传一个多种颜色的色块涂鸦,来生成图像。

提示词填入"blue sky,sea,beach, tree"。

8/75

blue sky,sea,beach, tree

提示词 (6/75)

在画布上, 用不同颜色简单地进行涂抹后, 生成的图像内容, 在相应的颜色区域生成了提示词中提及的内容, 生成的图像非常自然, 这就是"Sketch 绘图"功能的使用方式。

"img2img 图生图"板块中的其他功能, 我们将用一个小章节来进行介绍和应用实例的列举, 接下来更加实用的局部重绘功能即将为大家呈现。

3.3

图生图中的进阶使用方式——局部重绘

在上面内容中, 我带大家熟悉了"img2img 图生图"的基础功能和使用方法。图生图和绘制功能只能对参考图图像全局进行绘制, 所以为了满足更多的 AI 绘画需求, 开发者在"img2img 图生图"的分支功能中, 提供了一个可以保留参考图部分原内容, 并且可以修改或者修正局部画面的功能——"Inpaint 局部重绘"。

先来了解一下"Inpaint 局部重绘"功能的操作界面,可以看到这个界面与"img2img 图生图""Sketch 绘图"相比,又增加了"蒙版模糊(Mask blur)""蒙版模式(Mask mode)""蒙版蒙住的内容(Masked content)"以及"重绘区域(Inpaint area)"几个选项。

在局部重绘中,上传一张照片,我们用画笔功能涂抹需要重新生成的区域。我们拖入一张城市街景的图像,作为"局部重绘"的参考图。

用过 Adobe Photoshop 的读者朋友应该对"蒙版"这个概念并不陌生,其实"Inpaint 局部重绘"功能就是在"img2img 图生图"的基础之上加入了"蒙版"功能,可以通过"蒙版"的调节设置,来完成对参考图的局部绘制。

(1) 蒙版模糊(Mask blur)调节范围为 0~64,默认数值是 4.蒙版模糊的数值越小,蒙版边缘越锐利;蒙版模糊数值越大,蒙版边缘的羽化透明度越高;合理的蒙版模糊数值,可以让蒙版部分生成的图像内容与原图融合得更加自然。读者可根据实际的图像生成情况自行选择蒙版模糊的大小。

在局部重绘中,上传一张照片,我们用画笔功能涂抹需要重新生成的区域。我们拖入一张城市街景的图像,作为"局部重绘 Inpaint"的参考图。

上图中, 黑色的部分为蒙版涂抹, 并遮罩住的区域, 在提示词内容中输入"river"。

随着蒙版模糊的数值增加, 蒙版涂抹遮罩住的边缘部分, 会减小边缘的面积, 但融合度都比较自然。

(2) 蒙版模式 (Mask mode) 中的两个选项分别为"Inpaint Masked 重绘蒙版内容"和"Inpaint not masked 重绘非蒙版内容"。

这两个选项的含义比较好理解, 选择"重绘蒙版内容 Inpaint masked", 则将蒙版遮罩住的区域进行重新绘制;"重绘非蒙版内容 Inpaint not masked"则将蒙版遮罩住以外的部分进行重新绘制。

（3）蒙版蒙住的内容（Masked content），这里的四个选项代表用什么方式作为重绘参考的底图，分别为"fill 填充""original 原图""latent noise 潜变量噪声"和"latent nothing 潜变量数值零"。

四个模式的定义如下：

"fill 填充"，将蒙版覆盖的蒙版边缘作为参考底图，进行重绘。

"original 原图"，将蒙版区域覆盖的原图作为参考底图，进行重绘。

"latent noise 潜变量噪声"，在蒙版区域随机铺满潜变量噪声，进行重绘。

"latent nothing 潜变量数值零"，蒙版区域的潜变量为"0"的模式，进行重绘。

这四个选项中，建议读者优先使用默认的"original 原图"模式优先，或者根据不同的图像重绘情况选择"填充 fill"，其他两个选项不推荐。

下面是四种"Masked content 蒙版蒙住的内容"模式生成图像的对比。我们挑选一张在文生图中生成的图像作为重绘的参考图。

> 大模型选择"xxmix9realistic"，VAE 模型为"840000"，正向提示词为"masterpiece, best quality,extreme detailed,1girl , sitting in the spaceland, upper body,wearing mecha"，采样方法为"DPM++ 2M SDE Karras"，开启高清修复，放大算法为"4x-UltraSharp"，重绘幅度为"0.3"，放大倍率为"2"，图像大小为"512×768"，随机种子为"264135175"。

用蒙版涂抹覆盖住女孩的头发部分,正向提示词写入"red hair"。

重绘参数设置,保持原图大小不变,重绘幅度改为"0.75"。

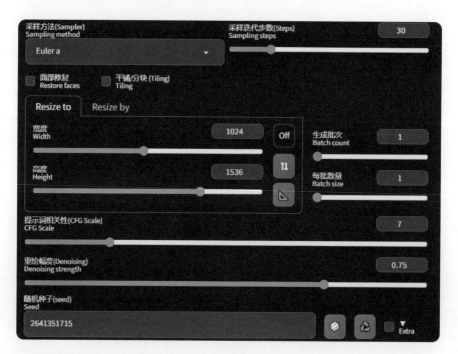

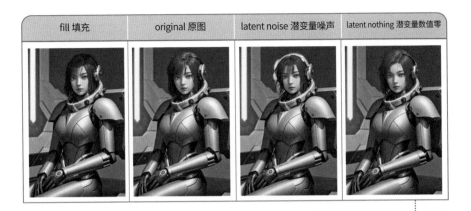

在四个模式中，"original 原图"模式重绘后，新生成的头发内容融合度最高，最自然。

(4) 重绘区域（Inpaint area）的两个选项分别为"Whole picture 全图"和"Only Masked 仅蒙版"。

这两个概念也很好理解，"Whole picture 全图"模式代表，在进行重新绘制时，是将整个图像整体进行重绘。而"Only Masked 仅蒙版"模式则是代表我们在进行局部重绘时，蒙版蒙住的区域需要用多大的图像进行重绘。例如，我们需要修复一张崩坏的人脸，则用"仅蒙版"模式得到的效果会更加出色。

我们在图生图中，生成一张"512×768 像素"的图像作为参考原图，使用两种方式对人物主体的脸部进行重绘修复。

生成图像的参数如下：大模型选择"xxmix9realistic"，VAE 模型为"840000"，正向提示词为"masterpiece,best quality,extreme detailed,1girl,long legs,wearing dress, full body,walking on the runway"，采样方法为"DPM++ 2M SDE Karras"，图像大小为"512×768"。

可以明显地看到,用"512×768 像素"生成的这张图像,人物脸部已经发生了崩坏。我们希望用局部重绘来修复人脸,用两种"Inpaint area 重绘区域"模式来进行对比。

我们先用画笔涂抹需要修复的人物脸部,并写入正向提示词"1girl face"。

Whole picture 全图	Only masked 仅蒙版

"Whole picture 全图"模式下,图像大小设定为 512×768 像素,生成的人物脸部还是崩坏的。

"Only masked 仅蒙版"模式下,图像大小设定为 512×512 像素,自然地修复了人脸。

从对比中我们发现,全图模式下生成的人物脸部还是出现了崩坏现象,而仅蒙版模式则完美地修复了模特的脸,这个原因主要是因为在两种模式下重绘部分的画布大小的差别。Stable Diffusion 在越大的画布上可以刻画出更加细致的内容。它的工作模式可以简单地理解成,Stable Diffusion 的画笔、笔尖是固定的大小,在非常小的区域内进行绘画,它就不能将细节控制好。

> 刚才的对比图中,我们用蒙版覆盖住部分的大小仅为"72×72 像素",在这么小的画布内,Stable Diffusion 很难精细地刻画出人脸细节,因此会造成崩坏的结果。

而"仅蒙版 Only Masked"的工作方式是,将蒙版区域放大到我们设定的图像大小,即"512×512 像素",在这个大的画布中,Stable Diffusion 就可以轻松地绘制出人脸的细节,将一个细节较完整的图像生成后,再缩小填充至蒙版覆盖的图像图区。综上所述,"仅蒙版 Only Masked"功能是局部重绘中修复人脸非常有效的一种方式。

3.4

更加可控的局部重绘——手涂蒙版和上传蒙版

前面的两个章节,是"img2img 图生图"分支功能的基础用法和工作逻辑,Stable Diffusion web UI 结合"图生图 img2img""绘图 Sketch"以及"局部重绘 Inpaint"功能,衍生出了两个在保持参考图原图内容的基础上,再次对图像内容进行微调、替换的功能:局部重绘"Inpaint Sketch 手涂蒙版"和"Inpaint upload 上传蒙版"。

1. 手涂蒙版 Inpaint Sketch

"Inpaint Sketch 手涂蒙版"结合了
"Inpaint 局部重绘"和"Sketch 绘图"两
个功能的特点，可以将在保留参考图原内
容不变的情况下进行二次绘制，工作模式
和原理与被结合的两个功能一致，这里就
不再做过多的描述，我们通过实例来给各
位读者进行演示。

实例 1：大模型选择"xxmix9realistic"，
VAE 模型为"840000"，正向提示词为
"masterpiece,best quality,extreme
detailed,1girl,long legs,wearing
dress,upper body, on the runway"，采
样方法为"DPM++ 2M SDE Karras"，图像
大小为"512×768"。

在这张图片中，我希望可以将模特的连衣裙的上半部分分离，露出腰部，需要怎
么做呢？

我们将参考图上传或拖入"Inpaint Sketch 手涂蒙版"功能参考图区，用色板工具
吸取模特皮肤的颜色，并调整画笔。

在模特的腰部涂抹出相应的区域。

写入正向提示词"skin"。

重绘区域选择"仅蒙版 Only Masked"，重绘幅度更改为"0.75"，点击生成。

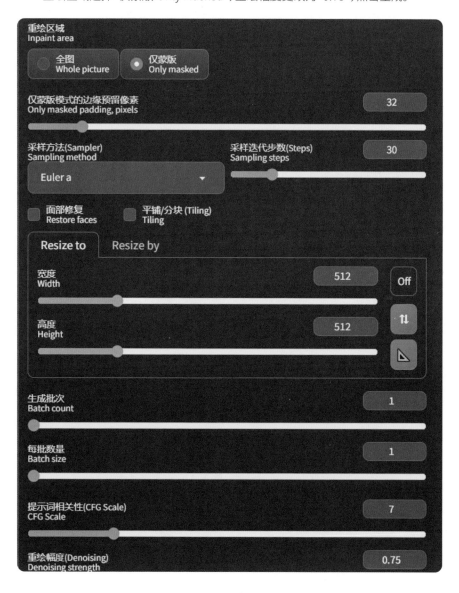

如果我们需要将模特的衣服改变样式，还可以选择相应的颜色，涂抹区域来完成局部的修改。

选取颜色，正向提示词中写入"clothes"，设置好参数，点击生成。

实例2：大模型为"xxmix9realistic"，VAE 模型为"840000"，提示词为"masterpiece, best quality,extreme detailed, highway, many cars"，采样方法为"DPM++ 2M SDE Karras"，图像大小为"768×512"，开启"高清修复"，放大算法为"4x-UltraSharp"，放大倍率为"2"，重回绘度为"0.3"。

去除前

去除后面的"汽车"

2. 上传蒙版 Inpaint upload

"Inpaint upload 上传蒙版"，在"img2img 图生图"和"Inpaint 局部重绘"功能的基础之上，更加细致的蒙版重绘功能，需要借助其他工具来完成蒙版的创建，从而在参考图的基础上，修改或重建相应的图像区域内容。

我们还是用实际的操作实例来进行演示。我们先拖入或上传一个参考图图像以及需要保留的蒙版遮罩，这里推荐用 Photoshop 或更加智能的 segment 算法来完成蒙版的创建。

首先，我们将参考图上传或拖入"Inpaint Sketch 手涂蒙版"功能参考图区，用色板工具吸取模特皮肤的颜色，并调整画笔，在模特的腰部涂抹出相应的区域。这里我们需要保留原图人物主体的红色衣服，我们把原图上传到上方的参考图区域，再将设定好的蒙版上传到下方的蒙版区域（两个参考图的大小保持一致），选择重绘非蒙版内容，填写提示词，进行图像生成。

填写正向提示词"masterpiece,best quality,realistic photo,1girl"，重绘幅度为"0.75"，图像尺寸和蒙版尺寸保持一致，重绘区域选择"全图"，点击生成。

生成的图像，保留了参考图蒙版遮罩的内容，我们需要保留的蒙版内容的衣服和参考原图保持一致，绘制的蒙版外区域生成了新的图像内容。上面就是"Inpaint upload 上传蒙版"功能的使用方法。"Inpaint uploa 上传蒙版"功能目前在商业应用领域、电商应用领域的可能性会更加丰富，读者可以根据相应的应用场景进行更有想象力的操作。

"img2img 图生图"功能，是 Stable Diffusion web UI 的基础核心功能，我还是希望读者朋友了解到这些功能的操作流程后，可以在各自需求的应用领域多做尝试，体验 AI 绘画带来的便捷。

在下面的章节里，将会详细地介绍 Stable Diffusion web UI 更加强大的核心插件——ControlNet。

扫码观看视频教学

第四章
Stable Diffusion
核心插件 ControlNet

#4

#4

4.1

ControlNet 插件开发背景及简介

作为 Stable Diffusion 的拥护者，我始终认为 ControlNet 是为 AI 绘画带来革命性意义的伴侣。基于 Diffusion 算法的开源形态，创造 ControlNet 的人（或团队），在图像生成式 AI 的领域里具备更加深刻且长远的理解。

至少在我的概念里，ControlNet 的出现，不亚于 Stable Diffusion web UI 做到的贡献。在这里，我仅代表个人想法，再次向为人工智能应用领域付出过的个人或团队致敬！

Stable Diffusion web UI 让很多没有任何相关经验的人领略了生成式 AI 在绘画领域的魅力，但它在只是在 Diffusion 算法模型的基础上带来了有限的控制能力，基于 Diffusion 算法模型，AI 绘画也只能被定义为高效的图像创意生产工具，而 ControlNet 的出现，让 AI 绘画具备了更加可控的范围，在一定程度上减少了 AI 的不确定性。

我无法评价 ControlNet 在 AI 绘画领域的地位，只能用两个字形容——"神奇"！

ControlNet 以端到端的方式学习特定于任务的条件，即使训练数据集很小（< 50k），学习也很稳健。此外，训练 ControlNet 与微调扩散模型一样快，并且可以在个人设备上训练模型。如果有强大的计算集群可用，该模型可以扩展到大量（数百万到数十亿）的数据。

相关报告说，像 Stable Diffusion 这样的大型扩散模型可以通过 ControlNet 进行增强，以实现边缘图、分割图、关键点等条件输入，可以丰富控制大型扩散模型的方法，并进一步促进相关应用。

目前，ControlNet 已经更新到了 1.1 的正式版本。插件地址是 https ://github.com/Mikubill/sd-webui-controlnet

○ 4.2 ControlNet 操作界面详解

想熟练使用 ControlNet 来实现精准控图，需要我们对操作界面的功能进行准确的理解，接下来我们对 ControlNet 操作界面进行拆分讲解。

Controlnet1.1 版本操作界面

4.2.1 Controlnet 版本及通道

左上角是版本号,下面是 Controlnet 单元通道选择,可以添加多个通道来实现组合控制引导。

默认情况下,ControlNet Unit 只打开一个,我们可以通过 Stable Diffusion web UI 的设置界面来打开更多通道。

在 Stable Diffusion web UI 的选项界面中,找到"Setting 设置"界面。

在界面左侧点击"ControlNet"。

"Controlnet"选项的右侧内容中,找到"Multi ControlNet 的最大网络数量",填写相应的数值,打开多个 Controlnet Unit 通道,我推荐数值为"3"。

接下来我们返回到 ControlNet 操作界面,继续了解其他功能。

⊙ 4.2.2 参考图上传区域

图像上传及批处理区域

可以将需要处理的图片直接拖放至此处,或者点击区域在文件夹中选择文件,也可以将缓存中的文件直接用"Ctrl+V"组合键进行上传。

左下角"Set the preprocessor to [invert] If your image has white background and black lines."是一个提示,意思是如果你上传的参考图像是白底背景黑色线条的图像,预处理器将会进行颜色反转,变成黑色背景白色线条,进行正确的识别。

这四个图标从左至右分别代表"创建一个新画布""打开摄像头""水平镜像翻转""将参考图尺寸发送至 Stable Diffusion 图像大小"。

点击 图标,在上传图像区域的下方会弹出一个选项卡。

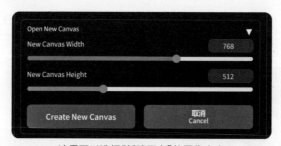

这里可以选择"新建画布"的图像大小

创建画布后,生成了一个空白画布,可以在这里进行绘制,操作方法和"局部重绘"相似。

点击  图标,会打开电脑连接的摄像头。　　点击 按钮,上传的参考图 / 摄像头画面,会进行水平翻转。

 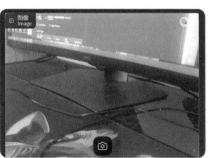

点击画面下方的"照相机"图标,将截取的图片作为参考图

点击 按钮会将参考图图像的尺寸发送到 Stable Diffusion 的图像设置区域。这个画布的图像尺寸为 640×480 像素。

4.2.3　启动及预设模式

启用 : 会开启此通道的控制。

低显存优化 : 显卡显存小于 8GB 开启。

Pixel perfect(完美像素): 勾选后 ControlNet 会将参考图进行自动处理匹配生成图像的大小。

"Allow Preview(允许预览): 指的是开启预处理器后,是否生成处理后的预览结果。

4.2.4 控制类型和预处理器选择

在"Control Type 控制类型"选项中，选择其中一项后，会自动加载对应的预处理器和模型

同一种控制类型下，可能会存在多个预处理器，需要根据不同的需求进行选择。

"tile"的三个预处理器

点击预处理器和模型中间的"爆炸"按钮，会生成当前选的预处理器的预处理预览图。

左侧为参考图，右侧为预处理的预览图，点击右上角的"↓"可以保存预处理图片。

4.2.5 控制权重和控制步数

"Control Weight 控制权重"，代表 ControlNet 在生图过程中参与控制的影响大小，数值越小影响越低，数值越大影响越大，范围为"0~2"，默认为"1"。

"Starting Control Step 开始控制的步数""Ending Control Step 结束控制的步数",两个选项分别代表从图像绘制的百分之多少步开始 ControlNet 介入控制,到百分之多少 ControlNet 结束控制。默认值是从"0~1",代表从图像生成的开始到结束,ControlNet 始终参与控制。这两个概念需要根据不同的生图需求去调整,自行体验。

⦿ 4.2.6 控制模式和画面缩放模式

ControlNet 中的"Control Mode 控制模式"和"Resize Mode 画面缩放模式"各有三个选项供选择。

"Control Mode 控制模式"下的三个选项分别为"Balanced 平衡"" My prompt is more important 提示词更重要"以及"ControlNet is more important Controlnet 更重要"。

"Resize Mode 画面缩放模式"下的三个选项,分别为"Jusst Resize 仅调整大小(拉伸)""Crop and Reszie 裁剪"以及"Resize and Fill 填充"。

"Control Mode 控制模式"的三个选项比较好理解,这里不做过多解释,大多数情况下使用"Balanced 平衡"模式即可。在特定的模型使用中,可以根据具体需求选择其他两种模式来控制生成图片的效果,在后面的模型具体操作实例中,我会提供相应的演示。

"Resize Mode 画面缩放模式"的三个选项,从字面上并不好理解,我们来对这三种模式进行一次对比。这次对比,我们用 ControlNet 的"inpaint 局部重绘"功能来进行操作,从而也提供一个 ControlNet 的基础操作流程。

在"txt2img 文生图"中,我们先展开 ControlNet 的操作界面,点击"启用",勾选"Pixel Perfect 完美像素"。

接下来上传一张需要处理的图片,这张图片分辨率(尺寸)为 512×768 像素。

我希望能够在这张图片的两侧增加更多的内容,可以在"Control Type 控制类型"中选择"Inpaint 局部重绘"。

点选"inpaint 局部重绘"后,程序会自动加载默认的预处理器以及 ControlNet 模型,选择效果更好的预处理器"inpaint_only+lama"。"Control weight 权重"和"Control Step 启终步数"为默认。

"Control Mode 控制模式"选择"ControlNet is more important(ControlNet 更重要)"。

如果想增加图像两侧的内容，我们需要改变图片的宽高比，所以我们将生成图像的宽高比从 2:3 调整为 1:1，及 768×768 像素，并且打开高清修复，放大 2 倍。

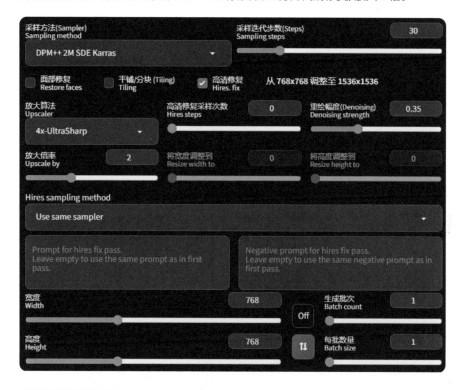

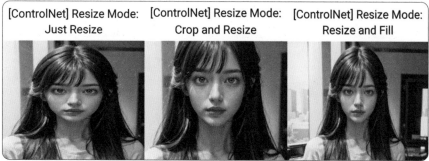

三种模式和"img2img 图生图"中的缩放模式类似，实现我们预想效果的是"Resize and Fill 填充"。

以上内容则是 ControlNet 插件操作界面介绍和基础的操作流程。熟悉了这些功能以后，我们即将进入本章中的重点内容，通过 15 个官方模型的介绍以及应用实例，来体验 ControlNet 的强大功能。

ControlNet 插件中的常用模型

ControlNet 作为 Stable Diffusion web UI 中的重要插件,提供了丰富且强大的控制功能,也将 Stable Diffusion 的应用提升了一个新高度,ControlNet 对图像生成控制的影响,是市面上其他 AI 绘画工具无法抗衡的"法宝"。

之所以能够成为 Stable Diffusion 的核心功能,是因为 ControlNet 的制作者以及开发人员提供了多达 15 种的图像控制模型,并搭载了数十种预处理器,为各种图像生成需求提供了精准丰富的解决方案。这一点令 Stable Diffusion 在商业应用中占领了先机,接下来我们将对 ControlNet 的 15 个官方模型进行逐一介绍。

ControlNet 在 2023 年迎来了重要的更新。ControlNet1.1 版本在 1.0 版本的基础上,修正了错误,并且用更加庞大的数据集以及更多的 GPU 算力,实现了功能以及性能的迭代。

4.3.1 Depth 深度控制

使用深度图控制 Stable Diffusion。

模型文件:control_v11f1p_sd15_depth.pth

配置文件:control_v11f1p_sd15_depth.yaml

训练数据:Midas 深度(分辨率 256/384/512)+Leres 深度(分辨率 256/384/512)+Zoe 深度(分辨率 256/384/512)。多个分辨率的多个深度图生成器作为数据增强。可使用的预处理器:Depth_Midas、Depth_Leres、Depth_Zoe。该模型非常稳定,可以处理渲染引擎的真实深度图。

预处理效果:

官方示例:

随机种子为 12345, 提示词: "a handsome man"。

预处理器将左侧参考图进行深度处理, 生成"深度图", 通过模型控制生成图像, 能够保留图像的深度关系。

我的生成示例：

随机种子为 1234567，提示词为"masterpiece,best quality,portrait,Extreme detail, 8K,1girl,close up"。

4.3.2 Normal 正态控制

使用法线贴图控制 Stable Diffusion。

模型文件：control_v11p_sd15_normalbae.pth

配置文件：control_v11p_sd15_normalbae.yaml

训练数据：bae 的法线贴图估计方法。可使用的预处理器：普通 bae。该模型可以接受来自渲染引擎的法线贴图，法线贴图遵循 ScanNet 的协议即可。

预处理效果：

官方示例：

随机种子为 12345，提示词为"a man made of flowers"。

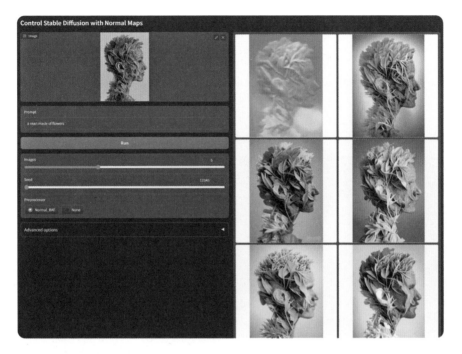

我的生成示例：

随机种子为 1234567，提示词为"masterpiece,best quality,portrait,Extreme detail,8K,some flowers"。

参考图

[ControlNet] Preprocessor: normal_bae

4.3.3 Canny 边缘检测

使用 Canny 图控制 Stable Diffusion。

模型文件：control_v11p_sd15_canny.pth

配置文件：control_v11p_sd15_canny.yaml

训练数据：具有随机阈值的 Canny

可使用的预处理器：Canny

预处理效果：

官方示例：

随机种子为 12345，提示词为"dog in a room"。

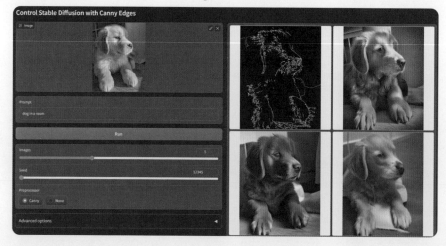

我的生成示例:

随机种子为 1234567,提示词为"masterpiece,best quality,portrait,Extreme detail,8K,a white tiger"。

参考图

[ControlNet] Preprocessor: canny

4.3.4 MLSD 直线控制

使用 M-LSD 直线控制 Stable Diffusion。

模型文件:control_v11p_sd15_mlsd.pth

配置文件:control_v11p_sd15_mlsd.yaml

训练数据:M-LSD 线

可使用的预处理器:MLSD

预处理效果:

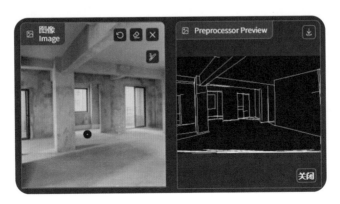

官方示例：

随机种子为 12345，提示词为"room"。

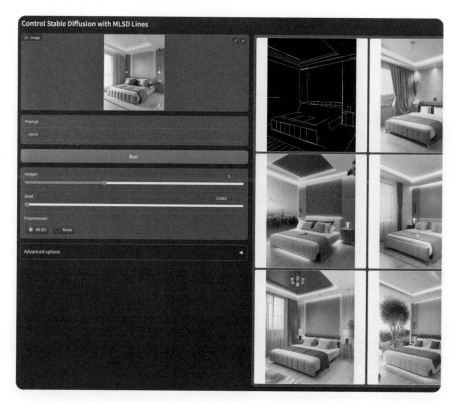

我的生成示例：

随机种子为 1234567，提示词为"masterpiece,best quality,portrait,Extreme,detail, 8K,living room"。

参考图

[ControlNet] Preprocessor: mlsd

4.3.5 scribble 涂鸦

使用涂鸦控制 Stable Diffusion。

使用涂鸦控制 Stable Diffusion。

模型文件：control_v11p_sd15_ scribble.pth

配置文件：control_v11p_sd15_ scribble.yaml

训练数据：合成的涂鸦

可使用的预处理器：合成的涂鸦（Scribble_HED、Scribble_PIDI 等）或手绘的涂鸦

预处理效果：

官方示例：

随机种子为 12345，提示词为"man in library"。

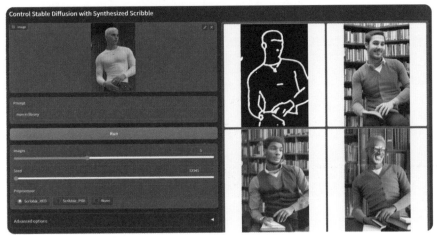

我的生成示例：

随机种子为 1234567，提示词为"空"。

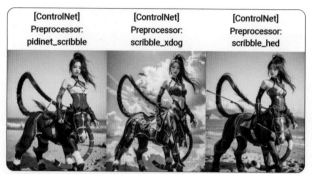

4.3.6 Soft Edge 软边缘

使用软边缘控制 Stable Diffusion。

模型文件：control_v11p_sd15_softedge.pth

配置文件：control_v11p_sd15_softedge.yaml

训练数据：SoftEdge_PIDI、SoftEdge_PIDI_safe、SoftEdge_HED、SoftEdge_HED_safe

可使用的预处理器：SoftEdge_PIDI、SoftEdge_PIDI_safe、SoftEdge_HED、SoftEdge_HED_safe

稳定性：SoftEdge_PIDI_safe > SoftEdge_HED_safe >> SoftEdge_PIDI > SoftEdge_HED

质量排序：SoftEdge_HED > SoftEdge_PIDI > SoftEdge_HED_safe > SoftEdge_PIDI_safe

考虑到平衡，我们建议默认使用 SoftEdge_PIDI。大多数情况下它的效果都很好。

预处理效果:

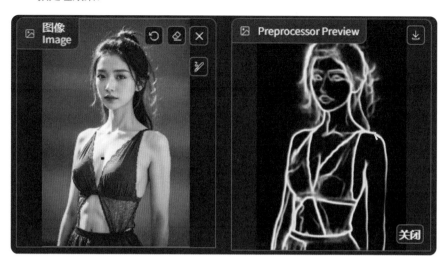

官方示例:

随机种子为 12345, 提示词为 "a handsome man"。

我的生成示例：

随机种子为 1234567，提示词为"masterpiece,best quality,portrait,Extreme detail,8K,1 little boy"。

4.3.7 Segmention 语义分割

使用语义分割，控制 Stable Diffusion。

模型文件：control_v11p_sd15_seg.pth

配置文件：control_v11p_sd15_seg.yaml

训练数据：COCO + ADE20K

可使用的预处理器：Seg_OFADE20K (Oneformer ADE20K)、Seg_OFCOCO (Oneformer COCO)、Seg_UFADE20K (Uniformer ADE20K)

预处理效果：

官方示例：

随机种子为 12345，ADE20k 协议，提示词为"house"。

随机种子为 12345，COCO 协议，提示词
为"house"

我的生成示例：

随机种子为 1234567，提示词为"masterpiece,best quality,portrait,Extreme
detail,8K,street"。

 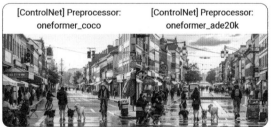

4.3.8 Openpose 动作控制

使用 OpenPose 控制 Stable Diffusion。

模型文件：control_v11p_sd15_openpose.pth

配置文件：control_v11p_sd15_openpose.yaml

该模型经过训练并且可以接受以下组合：

OpenPose_body（身体）。

OpenPose_hand（手部）。

OpenPose_face（脸部）。

OpenPose_body + OpenPose_hand（身体 + 手）。

OpenPose_body + OpenPose_face（身体 + 脸）。

OpenPose_hand + OpenPose_face（手 + 脸）。

OpenPose_body + OpenPose_hand + OpenPose_face（身体 + 手 + 脸）。

提供所有这些组合过于复杂。我们建议选择以下两种方式：

OpenPose = OpenPose_body（身体）。

OpenPose_full = OpenPose_body + OpenPose_hand + OpenPose_face（身体 + 手 + 脸）。

预处理效果：

官方示例：

随机种子为 12345，提示词为 "man in suit"。

随机种子为 12345，提示词为 "handsome boys in the party"。

我的生成示例:

随机种子为 1234567,提示词为"masterpiece,best quality,portrait,Extreme detail,8K,4 girls on the seaside"。

参考图

[ControlNet] Preprocessor: openpose_full

4.3.9 Lineart 线稿控制

使用艺术线稿图控制 Stable Diffusion。

模型文件:control_v11p_sd15_lineart.pth

配置文件:control_v11p_sd15_lineart.yaml

训练数据:该模型在 awacke1/Image-to-Line-Drawings 上进行训练。预处理器可以从参考图像生成详细或粗略的艺术线条。

该模型经过足够的数据增强训练,并且可以接收手绘线稿。

可使用的预处理器:lineart_standard、lineart_realistic、lineart_coarse

预处理效果:

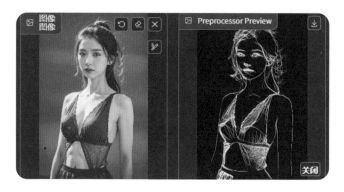

官方示例：

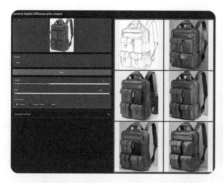 

　　随机种子为 12345，详细线稿提取器，提示词为"bag"。

　　随机种子为 12345，粗线条提取器，提示词为"Michael Jackson's concert"。

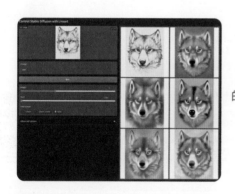

　　随机种子为 12345，使用手动绘制的线稿，提示词为"wolf"。

我的生成示例：

　　随机种子为 1234567，提示词为"masterpiece,best quality,portrait, Extreme detail, 8K,1girl,pink hair"。

 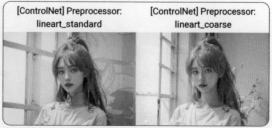

4.3.10 Anime Lineart 动漫线稿控制

使用动漫线稿图控制 Stable Diffusion。

模型文件：control_v11p_sd15_lineart_anime.pth

配置文件：control_v11p_sd15_lineart_anime.yaml

训练数据：具有随机阈值的 Canny

可使用的预处理器：lineart_anime、lineart_anime_denoise

这是一个长提示词模型，在不使用 LORA 微调模型的情况下，提示词越详细，效果越好。

预处理效果：

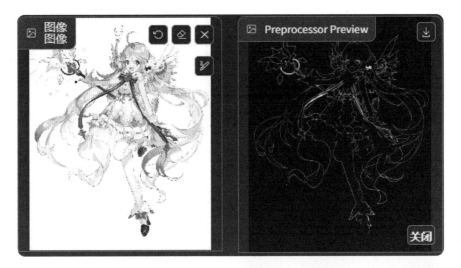

官方示例：

随机种子为 12345，手绘线稿，提示词为 "1girl, in classroom, skirt, uniform, red hair, bag, green eyes"。

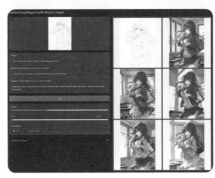

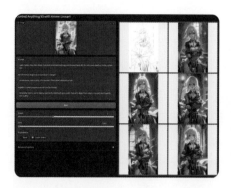

随机种子为12345,从参考图提取的线稿,提示词为"1girl, Castle, silver hair, dress, Gemstone, cinematic lighting, mechanical hand, 4k, 8k, extremely detailed, Gothic, green eye"。

我的生成示例:

随机种子为1234567,提示词为"masterpiece,best quality,Extreme detail, 8K,1girl,red long hair,green eyes,with a scepter in hand,red shoes, black dress and,bare legs"。

参考图

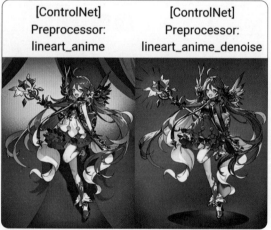

[ControlNet]
Preprocessor:
lineart_anime

[ControlNet]
Preprocessor:
lineart_anime_denoise

4.3.11 Shuffle 随机洗牌

通过参考图随机洗牌,控制 Stable Diffusion

模型文件:control_v11e_sd15_shuffle.pth

配置文件:control_v11e_sd15_shuffle.yaml

该模型经过训练可以重新组织图像。我们使用随机流来打乱图像并控制 Stable Diffusion 来重构图像。

预处理效果：

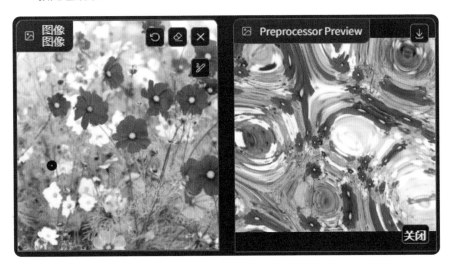

官方示例：

随机种子为 12345，提示词为"HongKong"。

在右侧的 六个图像中，左上角的图像是"打乱"的图像。ControlNet 可以根据提示或其他 ControlNet 的引导来改变图像风格。

我的生成示例：

随机种子为 1234567，提示词为"1girl"。

ControlNet 通道 1 输入图像

ControlNet 通道 2 输入图像

打开两个 ControlNet 通道，在通道 1 中，输入一个女孩的照片，并选择"Canny"模型；通道 2 中输入鲜花的图像，选择"Shuffle"模型。

4.3.12 Instruct Pix2Pix 引导图生图

使用 Instruct Pix2Pix 图生图控制 Stable Diffusion。

模型文件：control_v11e_sd15_ip2p.pth

配置文件：control_v11e_sd15_ip2p.yaml

这是一个在 Instruct Pix2Pix 数据集上训练的控制网络。与官方的 Instruct Pix2Pix 不同，该模型是用 50% 指令提示和 50% 描述提示进行训练的。例如，"一个可爱的男孩"是描述提示，而"让男孩可爱"是指令提示。

"IP2P"是一个独立的 ControlNet 模型，所以无须使用预处理器，提示词用"make it..."效果最佳。

官方示例：

随机种子为 12345，提示词为"make it on fire"。

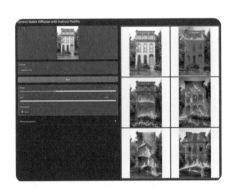

我的生成示例：

随机种子为 1234567，提示词为"make it snowing"。

参考图

生成效果

4.3.13 Tile 细节增强

使用 Tile 细节增强，控制 Stable Diffusion。

模型文件：control_v11e_sd15_tile.pth

配置文件：control_v11e_sd15_tile.yaml

该模型可以通过多种方式使用。总的来说，该模型有两种行为：

忽略图像中的细节并生成新的细节。如果本地图块语义和提示不匹配，则忽略全局提示，并根据本地上下文引导扩散。由于该模型可以生成新的细节并忽略现有的图像细节，因此我们可以使用该模型去除不良细节并添加精致的细节。例如，消除因图像大小调整而导致的模糊。

官方示例：

下面是 8 倍超分辨率的示例。这是一张 64×64 的狗图像。随机种子为 12345，提示词为"dog on grassland"。

如果您的图像已经具有良好的细节，您仍然可以使用 Tile 模型来替换图像细节。请注意，Stable Diffusion 的"img2img 图生图"可以实现类似效果，但 Tile 模型使您更容易维护整体结构，即使在重绘幅度 1.0 的情况下也可以更改细节。

我的生成示例：

随机种子为 1234567，提示词为"1 armor"。

我们对这张 144×144 像素的小图作为原始内容，通过 ControlNet 的 Tile 模型对其进行放大并增加细节。

ControlNet 的 Tile 模型几乎已经在 Stable Diffusion 所有生图工作流中 100% 使用的一个环节，在高清放大、细节修复方面，在任何 Stable Diffusion 使用场景中都有出色的能力。在后面的内容中，我们将一起对它的应用进行更深入的了解。

Tile 模型生成的图像

4.3.14 Reference 参考控制

使用 Reference 算法控制 Stable Diffusion。

"Reference"的预处理器在 ControlNet 中是一种特殊的存在，依靠三种"Reference"算法，将上传的图像作为参考图像，无须过多的控制，就可以轻松实现图像整体风格的迁移。

预处理器：Reference Only、Reference adain、Reference adain+attn

官方示例：

随机种子为 12345，提示词为"a dog running on grassland, best quality"。

左侧参考图是一张 512×512 像素的小狗照片，在 Reference 的作用下，生成的新图像根据提示词内容，在保持原有图像小狗的样貌基础上，动作发生了变化。

Reference 算法对动漫类图像的控制生成，同样表现得令人惊艳。

在 ControlNet1.1.171 版本后，ControlNet 的制作者又增加了两个效果出众的预处理器算法，分别为 Reference adain 和 Reference adain+attn。

我的生成示例：

随机种子为 1234567，提示词为"masterpiece,best quality,portrait,Extreme detail,8K,1girl"。

ControlNet1.1 中的 Reference 算法目前还在持续进化中，在实际使用当中，我建议采用一张用 AI 绘画工具生成的照片，配合风格接近的大模型，再启用 ControlNet 中的 Reference 算法，来实现相同照片风格的各种可能性。

4.3.15 Inpaint 局部重绘

使用 Inpaint 局部重绘，控制 Stable Diffusion。

模型文件：control_v11p_sd15_inpaint.pth

配置文件：control_v11p_sd15_inpaint.yaml

与 Stable Diffusion 的"img2img 图生图"中的"Inpaint 局部重绘"不同的是，

ControlNet 使用 50% 随机掩模和 50% 随机光流遮挡掩模进行训练。这意味着该模型不仅可以支持修复应用，还可以处理视频光流变形，修复效果更加自然。

官方示例：

随机种子为 12345，提示词为"1 handsome man"。

我的生成示例：

随机种子为 1234567，提示词为"1 girl,smile"。

用蒙版涂抹覆盖住参考图女孩的面部。

参考图

生成效果

ControlNet1.1 版本在经历了一个阶段的更新后，inpaint 模型的功能也在不断进化，除了可以进行照片的覆盖修复以外，还提供了更加丰富强大的重绘能力。还记得本书第一章提到的 Photoshop Beta 中，增加的 AI"创成式填充"功能吗？在一张原有的图片基础上，利用 ControlNet1.1 的 Inpaint only+lama 算法同样可以实现扩充图像内容的效果。上一个章节最后的一部分，我已经进行了一次操作实例的演示，在后续的文章内容中还会有更详细的使用方法。

4.4 控制人物姿态，定制你的 AI 模特

在完成上一小节的学习后，读者朋友们对 ControlNet 可以实现的功能已经有了较全面的了解，在接下来的文章内容中，我们一起来学习如何在实际应用场景中，利用 ControlNet 功能的组合搭配来完成相应的工作。

接下来的内容，我认为对一些商业应用领域会带来启发，这也是 ControlNet 对 Stable Diffusion 发展带来的重大贡献。

Stable Diffusion 在人物图像生成方面，有着非常出色的表现。也许你就是被一些 AI 生成的完美人物所吸引，开始对 AI 绘画产生了浓厚的兴趣。我们可以通过不同模型的组合以及丰富的提示词来生成人物，但如果你希望可以更加准确控制生成图像中人物的姿态、外形以及图像的构图，就需要 ControlNet 的功能来进行精准控制。

ControlNet 中对人物图像生成的姿态控制，有几个模式非常高效：

OpenPose：用 OpenPose 动作骨骼图控制人物的姿态，后面对比图选用 Open Pose_full 来生成图像。

Depth：通过深度算法来控制人物肢体的前后关系。

Normal：通过发现贴图来控制人物肢体的前后关系，并且可以很好地还原光影。

Canny：边缘检测的方式，控制人物的轮廓。

Lineart_realistic：转化为真实的线稿图，还原动作。

我们用三组参考图来对几个模型生成的人物图像进行对比，提示词为"1yoga girl, wearing yoga clothes, long hair, (white single background:1.3), masterpiece,best quality,portrait,Extreme detail,8K"，随机种子为 1234567。

需要注意的是，由于参考图尺寸较小，手脚等细节部分会产生比较严重的崩坏，请忽略。

第一组:

模型类型	预处理图	生成图
OpenPose_full		
Depth		
Normal		

续表

模型类型	预处理图	生成图
Canny	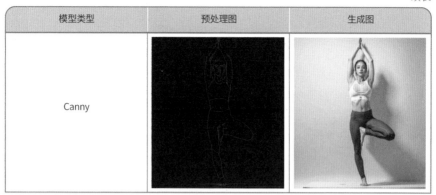	

"OpenPose"对动作的识别不够准确,其他三种模型都还原了动作特征。

第二组:

模型类型	预处理图	生成图
OpenPose_full		
Depth		
Normal		

续表

模型类型	预处理图	生成图
Canny		

在这组对比中，我们可以看到几个模式下，姿态都还原得较好，值得注意的是，Normal 法线贴图识别出了完整的人物肢体（右脚）。

第三组：

模型类型	预处理图	生成图
OpenPose_full		
Depth		
Normal		
Canny		

我们发现 OpenPose 还是出现了肢体识别错误的问题,其他模式姿态还原较好。

通过上面的对比明显能看出,OpenPose 在人物的姿态识别上会出现一些问题,四肢的逻辑关系并不能得到很好的还原。这里主要有两个原因,一是我们的参考图像尺寸较小,第二是 OpenPose 的预处理器在姿态识别方面还不够精准。虽然 OpenPose 存在一些瑕疵,但是这并不影响它在 ControlNet 中对人物姿态控制的重量,这是因为在 Stable Diffusion web UI 中,我们目前还只能通过对 OpenPose 的预处理图像进行编辑,下面我们来提供一种比较常用的方案。

在这里,我向读者推荐一个 OpenPose 的编辑器,可以让我们自由地去设定人物的肢体动作,用生成的 OpenPose 参考图通过 ControlNet 对人物动作进行控制,并且可以生成手脚部分的深度、法线、边缘图像,组合出更加完整的人物姿态和肢体细节。

插件名称:3D OpenPose

插件地址:https://github.com/ZhUyU1997/open-pose-editor

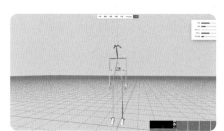

操作界面

我们只需要通过简单的鼠标拖拽就可以更改 3D OpenPose 的骨架,不仅仅是四肢,甚至可以编辑某一根手指。

用鼠标选中骨骼后,可以对身体的多项参数进行更改。

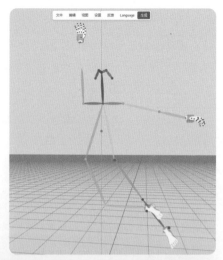

我们随机编辑几个人物姿态进行测试。调整好姿态后，我们点击上方的"生成"按钮。

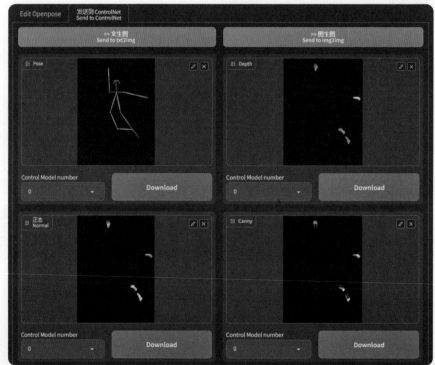

3D OpenPose 为我们生成 OpenPose 需要的任务姿态，手脚生成了另外三种模式的参考图。

首先，更改每一个模式的"Control Model number"，点击上方的">> 文生图"按钮，会将四种模式下的参考图像发送至"txt2img 文生图"板块下的 ControlNet 操作界面。

四个通道分别从 3D OpenPose 的参考图中传递了进来。

这里我们开启两个通道就可以实现较好的效果,如选择了"OpenPose+Depth"的组合。

我们保留之前的提示词不变,调整图像大小,点击生成。

由于手部占比比较小,生成的图像右手还是缺失了一根手指,但是整体姿态控制已经比较完整。

通过上面的应用实例演示发现,OpenPose 和其他模式的组合,可以控制我们生成的人物姿态,但由于 OpenPose 的稳定性还存在一些瑕疵,我们还可以借助其他的辅助工具来进行人物动态的控制。

这里我推荐一款免费 3D 建模软件来完成对人物姿态的控制。这款软件是"DAZ Studlo"简称"DAZ"。

DAZ Studlo 界面

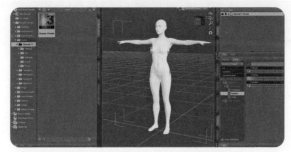

首先，在 DAZ 中添加一个人物模型。

在上方的工具栏中，点击"Window"按钮，在下拉菜单选择"Panes(Tabs)"，点击弹窗中的"PowerPose"。

在 PowerPose 功能中，可以用鼠标控制人物各部分的姿态，比编辑 3D OpenPose 的"火柴棍"更加灵活。

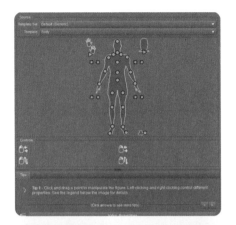

调整完想要的动作后，我们截图保存。

将截图发送到 ControlNet，选择
"Normal 法线贴图"模式。

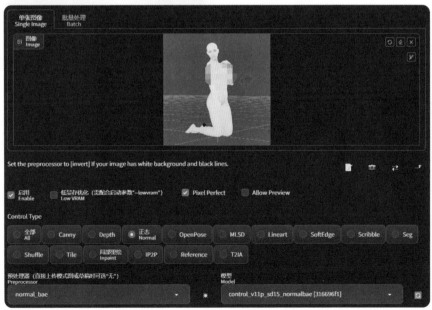

生成的图像

与 ControlNet 中的 OpenPose 相比,借助第三方的 3D 建模工具,使用"Normal 法线贴图"模式,可以更好地还原人物的姿态,并且在细节生成方面也更胜一筹。另外,"Normal 法线贴图"模式还可以更加出色地将参考图光影,以及肢体逻辑关系处理得更加完整。

在电商领域,与人物姿态相关的工作流程是电商模特换装,应用 3D 建模工具可以为电商行业的从业机构或组织节省大量的拍摄经费。下面我们通过应用实例来体验具体的操作流程。

首先,我们挑选一张衣服的图片作为需要添加模特的参考图

我们使用 Photoshop,将图中的背景去除

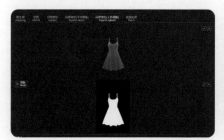

将 OpenPose 参考图与原图的衣服对齐

把制作的 OpenPose 参考图上传至 ControlNet,并选择"OpenPose"模型

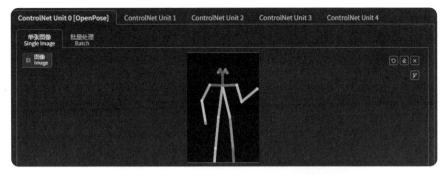

"Mask mode 蒙版模式"选择"Inpait not masked 重绘非蒙版内容"。

重绘幅度调整为 0.75~0.8。

　　最终生成的效果来看，衣服并没有被 100% 还原，此方法需要配合 Photoshop 继续进行修正。虽然需要其他软件搭配使用，但已经大大节省了传统的服装模特拍摄时间，以及请真人模特所付出的成本。

　　ControlNet 在实际的商业应用领域为 Stable Diffusion 提供了更多的可能性。在接下来的内容中，我们将通过更多实例来为读者展示 Stable Diffusion 在更多商业领域中的应用方法和技巧。

4.5

一张手稿变杰作，快速实现你的绘画灵感

上一个章节中，通过几种算法，实现了对人物姿态的控制。在 ControlNet 中，还有其他模式可以控制人物姿态，并且可以实现各种风格的图像控制。在这一小节中，我们主要通过 Lineart 模式，对其他领域的应用需求进行实例演示。

在 ControlNet 中，有两个可以为我们提供创意思考的模式，即"Lineart 艺术线稿和 Scribble 涂鸦"。对于有美术基础的读者，你手中的线稿可以通过 Stable Diffusion，在很短的时间里就可以生成效果出色的作品，我们来看一下应用实例。

我们上传一张人物的参考图，启用 ControlNet，选择 Control Type 控制模式为 Lineart，预处理器选择 lineart_realistic，保持参考图的尺寸比例不变，提示词为"mastpiece,best quality,extreme detail,realistic photo,portrait,1girl(bare legs and arms),(simple background:1.5)"，点击生成。

这里选择了一个二次元的主模型
"AWPaintingv_1.0"，生成的图像几乎完
全保留了参考图的结构。

如果用你自己绘制的线稿图，可以使用 ControlNet 的 Lineart 模式快速上色，完
成创作。我们也可以在"Civitai.com"简称 C 站，找到一张生成的线稿参考图，上传至
ControlNet，启用 Lineart 模型。

对线稿进行上色, 得到以下两张图像。

对于专业学习绘画的朋友们来说, Lineart 线稿模式可以为创作灵感带来非常高效的色彩参考。AI 绘画在视觉创作领域所带来的能力并非只针对专业绘画方向, 如果你和我一样没有任何美术基础, 那么我相信 ControlNet 中 Scribble 涂鸦模式, 将会为你带来前所未有的惊喜。

先来看看我的原创"作品"。

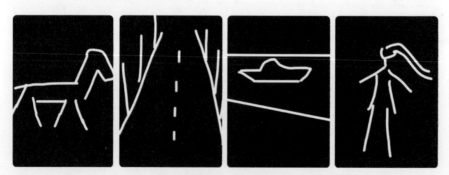

没错, 这就是我真实的绘画水平

接下来, 我把几张我的原创"作品"拖入 ControlNet, 启用 Scribble 涂鸦模式, 输入相应的提示词, 点击生成。

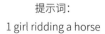

提示词:　　　　　 提示词:　　　　　 提示词:boat on the　 提示词:a girl,wearing

1 girl ridding a horse　 road,trees,sunlight　 sea,beach,sunny　　 dress, long hair

　　　ControlNet 的 Scribble 模式, 为我们带来了非常丰富的创意灵感, 在实际应用场景中, 它可以提供更多的可能性。无论你是否具备绘画基础, Lineart 和 Scribble 都可以让我们的创意变成实实在在的成品图像。

　　　另外值得一提的是, 还在测试阶段的模型——Shuffle 随机洗牌模式在抽象绘画方向的表现可圈可点。我们还是将一个非常"幼稚"的涂鸦内容放入 ControlNet,并启用"Shuffle"模式,输入任意提示词,就得到了下面的图像。

输入提示词为 horse,blue sky, trees, house, cloud, 得到以下四张图。

　　ControlNet 的各项功能带来的是显而易见的结果,这里不再赘述,相信通过读者朋友在实际使用中会得到更加深入的体会。在接下来的应用场景中,ControlNet 提供的能力同样高效。

扫码观看视频教学

第五章
定制你的专属图片 #5

5.1

Stable Diffusion 基础模型篇

写到这里,虽然还有很多没有提及的应用实例,但回归到生成式 AI 的根源,不得不着重为读者重新梳理的思路是,所有的生成式 AI 实现的能力,归根结底都依赖于该 AI 应用方向的模型。数以亿计的元数据量以及超强的算力才能让 AI 有了成长的"经历"。

在这个 AIGC(生成式人工智能)的纪元,我们还是要依赖大模型的创造者、融合者提供的基础模型,才能无限接近人对机器创造的诉求,因此在这一章里,我将为大家带来有价值的模型推荐,并且通过实际生成的实例,为广大 AI 绘画爱好者提供参考。

下面的模型推荐中,模型示例图像均为 Civitai.com 网站的模型关联内容。

5.1.1 官方通用大模型推荐

模型 1:Stable Diffusion XL 1.0

模型简介:Stable Diffusion 于 2023 年 7 月发布的官方模型,该模型是以 1024×1024 像素以上的图像数据为数据集训练的超级模型。

模型特点:Stable Diffusion 最新的官方模型,生成图像在各种风格的表现效果,媲美甚至超越商业化的 Midjourney。

模型示例：

模型 2：rmadaMergeSD21768_v70

模型简介：Stable Diffusion 2.1 模型，Stable Diffusion 1.5 至 XL 之间的过渡模型，生成的图像效果在光影和人物的表现上比较突出，但与 XL 模型还存在一定差距，且没有广泛应用，是 Stable Diffusion 的过渡"产品"，主要应用于写实风格的图像放大（配合 StableSR 和 MultiDiffusion+VAE 分块控制）。

模型示例：

5.1.2 写实风格大模型推荐

模型 1：ChilloutMix

模型简介：一个完全由真人照片训练的写实风格大模型，最早在亚洲人物生成效果方面表现优秀，是各种写实融合模型的基础。

模型示例：

模型 2：majicMIX realistic

模型简介：国内大神制作的一款融合模型，非常符合国内审美的一款写实风格融合模型，是最早在光影表现方面优异的一款写实风格大模型，一度超越 ChilloutMix，中国 AI 绘画爱好者青睐的模型之一。

模型示例：

模型3：DreamShaper

模型简介：一款风格多变的基础大模型，在人物、场景、风格化的各种图像生成中的表现都非常出色，是一款偏向于写实风格并且具有想象力的基础模型。

模型示例：

5.1.3 动漫风格大模型推荐

模型1：Anything

模型简介：与模型的名称一样，Anything 模型在动漫风格图像生成中无所不能。

模型示例：

模型 2：GhostMix

模型简介：一款 2.5D 风格的基础大模型，该模型在游戏角色设计中表现优异，在赛博朋克风格的图像风格生成中表现出色，提供丰富的创作灵感。

模型示例：

模型 3：ReV Animated

模型简介：同样是一款表现出色的 2.5D 风格大模型，这款模型的特点同样是在于它在多种风格和人物、动物、景观的表现，训练数据量大，与提示词内容的吻合度高。

模型示例：

●5.1.4 其他大模型推荐

模型 1：XSarchitectural

模型简介：XSarchitectural 是模型制作者在 Civitai 网站的用户名。这位大模型"炼丹师"霸占了 C 站以及国内模型网站 LiblibAI.com 的建筑设计板块，他发布的基础大模型，目前效果最佳的建筑设计、景观设计方向通用性最强效果及佳的模型创作者。在建筑设计领域对 AI 绘画有依赖和探索的读者，请 Follow 他的 C 站主页。

模型示例：

模型 2：国风 3 GuoFeng3

模型简介：这是一款以中国古风为特点的 1.5 基础大模型，表现出中国视觉文化特色的爱国模型必须推荐！

模型示例：

5.2

Stable Diffusion LORA 模型篇

作为应用广泛的微调模型——LORA，应该是 Stable Diffusion 爱好者储存最多的微调模型类型。与基础大模型相比，LORA 模型的体积非常小，并且可以独立或组合使用、灵活匹配。在画风、光影、场景、人物、服装等特定元素方面都具备非常有效的生图控制功能。

模型 1：hanfu 汉服

模型简介：妆造模型，主要以中国汉、晋、唐、宋、明五个朝代的衣着服饰为特点，可以通过激活词搭配相应的大模型带来意想不到的国风效果。

模型示例：

模型 2：Thai university uniform

模型简介：一款基于学生制服数据集训练的 LORA 微调模型，这款 LORA 模型的泛化性出色，可以生成各种风格的制服女性角色。

模型示例：

模型 3：国风 3 GuoFeng3

模型简介：这是一款已中国女性角色为特点的基础大模型，表现出中国视觉文化特色模型必须推荐！

模型示例：

模型 4：3D rendering style

模型简介：一款专注于 3D 游戏和 CG 插画风格的角色 LORA 模型，生成效果非常接近 3D 角色建模后的渲染效果。

模型示例：

模型 5.：小人书·连环画 xiaorenshu

模型简介：这是一款为了还原 20 世纪初中国"小人书"形成的中国现代美术画种，追溯童年回忆，让这种"国风"风格在 AI 绘画领域再次换发光芒的 LORA 微调模型。

模型示例：

模型 6：Detail Tweaker LoRA (细节调整 LoRA)

模型简介：这款 LORA 模型可以调节生成图像细节，在写实和动漫风格中的表现都非常出色。

模型示例：

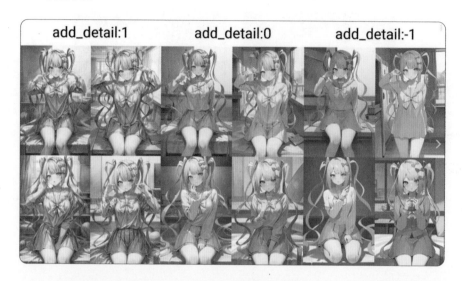

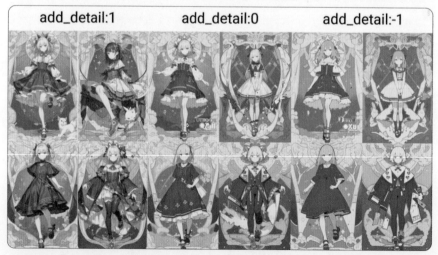

模型 7：epi_noiseoffset

模型简介：该 LORA 微调模型，是较早期并且稳定的光影调节模型，可以生成暗光高对比度的图像，偏向于写实风格，泛化性较强，表现出色。

模型示例：

模型 8：LowRA

模型简介：同样是一款光影 LORA 微调模型，这款模型在于调色，像一个暗光滤镜，使生成的图像更加接近现实。

模型示例：

　　LORA 模型的训练成本相较于基础大模型更低，但是作为微调模型，出色的 LORA 模型不只是对生成图像的风格进行了"微调"，高权重下好的 LORA 模型可能会让图像生成的细节表现锦上添花。由于篇幅的限制，我仅推荐了表现较出色的 LORA 微调模型。随着 Stable Diffusion 技术的迭代以及更多"LORA 炼丹师"的贡献，相信 LORA 模型在 AI 绘画领域会更有分量。

5.3 大模型融合和 LORA 模型训练

5.3.1 Stable Diffusion 基础大模型融合

本章前两节中,我为大家推荐了当下流行并且具备出色效果的大模型和 LORA 微调模型 (在 C 站的下载量排名也非常靠前)。"炼丹大神"给我们提供的大模型文件虽然都独具风格,但如果我们希望结合多个大模型的特点进行图像生成工作,我们该如何实现呢?

当然,想得到 Stable Diffusion 的基础大模型,最好的方式是用高质量数据集,以及较强的 GPU 算力进行大模型训练,但是对于大多数普通用户来说,模型训练数据集的收集处理、训练参数调整、获得算力都不太现实。

简单易懂的方法就是——大模型融合,融合后生成新的大模型,可以保留原模型的部分特点,并且处理速度更快。

那么如何进行模型融合呢?这里我为读者朋友们推荐一款强大的模型融合插件——SuperMeger。

插件名称:Supermerger

插件地址:https://github.com/hako-mikan/sd-webui-supermerger

下面,我们还是一步一步分解 SuperMerger 的操作方法,并解读模型融合的参数设置。

安装好 sd-webui-supermerger 插件后,我们就可以在顶部 Stable Diffusion web UI 的顶部找到插件的板块,点击选中,打开操作界面。

下面我们分部分进行讲解:

这里的"Load setting from"按钮,点击后会读取上次的参数设置,右侧 merged model ID 默认为 -1。

SuperMerger 最多可以选择三个大模型,分别为"模型 A""模型 B"和"模型 C", 这里会自动加载 Stable Diffusion web UI 文件夹中的 Models/Stable-Diffusion 文件 夹的大模型文件。

"Merge Mode"代表融合算法。SuperMerger 为我们提供了四种融合算法。

我们先用 Weight sum:A*(1-alpha)+B*alpha（加权模式）来解读一下这公式的变量。

融合模式名称　　　选择的"模型 A"　　　设定的 alpha（或 beta）数值

例如，我们设定 alpha 数值为 0.5，A 模型在融合模型中的权重则为 A*(1-0.5)=0.5A，B 模型在融合模型中的权重则为 B*0.5=0.5B，相当于"模型 A"和"模型 B"的权重相等。此模式只支持两个大模型的融合。

Add difference:A+(B-C)*alpha（添加差异模式），去掉"模型 B"与"模型 C"的相同内容并与 alpha 变量相乘，加入"模型 A"的特性。

Triple sum:A*(1-alpha-beta)+B*alpha+C*beta（三个模型加权模式），适用于三个大模型的融合。

sum Twice:(A*(1-alpha)+B*alpha)*(1-beta)+C*beta（两次总和），三个大模型融合的另外一种方式。

模型保存格式：

勾选"safetensors"，并填写输出文件名，否则将覆盖"模型 A"。

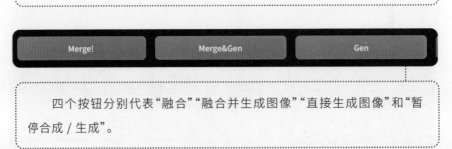

四个按钮分别代表"融合""融合并生成图像""直接生成图像"和"暂停合成 / 生成"。

图像生成参数：

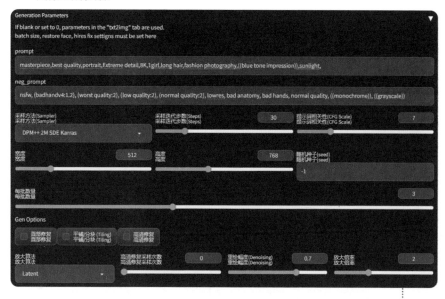

与"txt2img 文生图"中的设置一样，数值若为"0"，则调用文生图的生成参数。

生成预览设置：

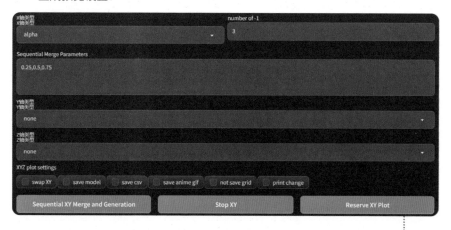

这里是通过 X/Y/Z 三个坐标轴的参数设定，来生成预览图像，辅助我们选择融合模型的参数设置。

分层控制调节:

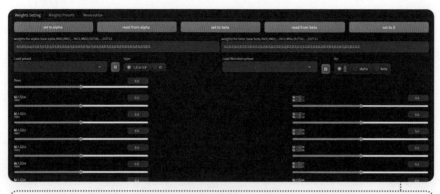

这里可以通过调整分层数据来控制模型融合,默认即可。

下面我们来进行实例演示:

"模型 A"选择 final-prune,"模型 B"选择 ReVAnimated_v1.1。

融合模式选择"Weight sum A*(1-alpha)+B*alpha"。

Alpha 设定为 0.25,保留更多 "模型 A"权重。

输入正反向提示词并调整参数。

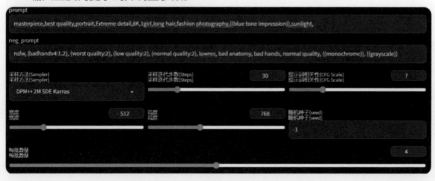

点击"Merg&Gen"。

Merge!	Merge&Gen	Gen

final-prune x 0.75 + ReVAnimated_v1.1 x 0.25

Message

Merged model loaded:final-prune x 0.75 + ReVAnimated_v1.1 x 0.25

生成预览图

下面我们用 X 轴来测试在不同 alpha 参数下，生成对比。

X轴类型
X轴类型

alpha

number of -1

3

Sequential Merge Parameters

0.25,0.5,0.75

填入三组数据"0.25、0.5、0.75"。

点击"Sequential XY Merge and Generation"生成预览。

swap XY	save model	save csv	save anime gif	not save grid	print char

Sequential XY Merge and Generation	Stop XY

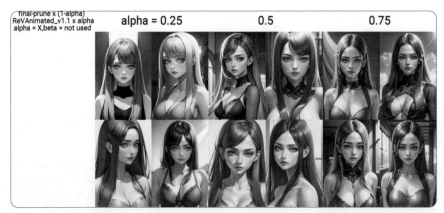

这里我认为 0.75 的效果最佳

显示模型合成进度。

填写模型名称为"test",点击
"Merge !"合成模型。

显示模型合成进度。

模型保存在了与"模型 A"相同的文
件夹内。

至此,Stable Diffusion 的大模型融合就完成了,你可以根据融合模型生成图像
的效果继续调整参数,来得到自己满意的融合大模型。

5.3.2 Stable Diffusion LORA 微调模型训练

LORA 微调模型体积小，训练速度快，通过简单的数据集可以实现各种效果。与 Stable Diffusion 的基础大模型训练相比，LORA 对算力要求更低，在降低训练成本的同时，也在可控范围内提供出色的图像生成控制。你甚至可以训练一个自己的真人 LORA，从此告别影楼，开启自己的 AI 人像生成的旅程。

在这里为大家推荐一个更加轻便的 LORA 模型训练工具——lora-scripts-gui。

插件名称：lora-scripts

插件地址：https://github.com/Akegarasu/lora-scripts

插件功能：轻便的 LORA 微调模型训练工具

与 Stable Diffusion 基础大模型训练一样，LORA 训练的前期准备工作同样是对数据集进行统一预处理。

以我自己的 LORA 训练为例子，统一将图像尺寸更改为 512×768 像素。

在 lora-scripts-gui 文件目录下的"train"文件夹内,创建一个文件夹"lq",打开这个文件夹后继续创建文件夹"30_lq",接下来我们将处理好的照片粘贴进"30_lq"文件夹。

软件 (D:) > AI > lora-scripts-gui > train > lq > 30_lq

首先,我们在基础功能级扩展区域,找到"Extensions 扩展"选项。

将上面这个地址填入 lora-scripts 工具的 WD 标签器界面中。点击右下角"启动"。

后台会自动进行标签处理。

此时我们返回"D:\AI\lora-scripts-gui\train\lq\30_lq"文件夹,可以看到每一张图片文件都对应生成了一个同名的".txt"文件。

此时,我们的图像数据集基本就设定完成了,我们也可以打开对应 txt 文件修改里面的标签内容。通常情况下无须修改。

接下来，我们需要将一个 Stable Diffusion 的基础大模型底模文件放置在"lora-scripts-gui\sd-models\"文件夹内。基础大模型尽量选择通用模型，用来保证 LORA 模型的泛化性，当然如果你非常喜欢某个大模型的风格，也可以在其基础上进行 LORA 训练（根据个人需要选择）。

这里我选择了 Stable Diffusion 1.5 版本的官方模型"v15-pruned.ckpt"。

我们在 LORA 训练的新手模式下，填入底模路径和训练数据集路径。

请注意！这里的训练数据集路径是"train"文件夹下创建的第一级文件夹"lq"。

填写训练数据集图片的尺寸。SD1.5 版本为 512 和 768 像素的组合，我的数据集图片宽高为 512×768 像素，所以在这里填写"512,768"即可。

填写模型名称和输出路径，默认输出路径为 lora-scripts 的"output"文件夹，最下方代表每训练多少轮，保存一次模型文件，这里根据个人情况选择。

训练轮数根据实际情况填写，在这里整体训练轮数 = 轮数 30×（你数据集文件夹前的数字）。例如，我的训练集文件夹开头的数字为 30，那么总训练轮数就是 30×30=900 轮。

批量大小根据 GPU 性能和显存酌情填写，可以保持默认值。批量大小为 2，图片数量为 30，所以总训练步数 =30×30×30/2=13500 步。

训练相关参数		
max_train_epochs 最大训练 epoch（轮数）	−	30 +
train_batch_size 批量大小	−	2 +

网络设置		
network_weights ▼ 从已有的 LoRA 模型上继续训练，填写路径		
network_dim 网络维度，常用 4~128，不是越大越好	−	128 +
network_alpha 常用与 network_dim 相同的值或者采用较小的值，如 network_dim 的一半。使用较小的 alpha 需要提升学习率。	−	64 +

网络设置次数根据个人需求调整，请参考注释内容

完整参数设置后就可以点击界面右下角的"直接开始训练"，等待训练完成。

下载配置文件

直接开始训练

全部重置　　　　保存　　　　读取参数

我们可以查看后台,观察训练进度以及"lose 值"。

训练完成后,将生成的 LORA 文件放置在 Stable Diffusion web UI 的 Models 文件夹的 LORA 文件夹下,就可以调用自己的 LORA 模型,生成图像了。

对于模型训练的技巧,我个人认为在商业应用中,未来是最有价值的,各位读者可以多做尝试。如果你的个人电脑算力无法达到训练标准,可以租用云端 GPU 来进行"炼丹",希望你早日成为资深的 Stable Diffusion "炼丹师",在视觉领域创造价值!

扫码观看视频教学

第六章
超高清成像和影视制作

#6

6.1

颠覆传统成像——浅析 AI 摄影

初期的 Stable Diffusion 更多被用来生成一些富有创意的二次元或者绘画艺术类的图像画面精美构图及色彩表现丰富但真实的照片及成像效果表现并不尽如人意。在广大 Stable Diffusion 的模型创作者不断尝试，训练出写实风格逼真的大模型后，相应的需求已经得到了解决。

我们能在 Civitai.com（C 站）以及国内的 LiblibAI.com 网站上，看到很多写实风格的基础大模型和 LORA 微调模型。依赖这些写实风格大模型生成的图像，甚至超越了摄影师在真实场景中拍摄的画面，让 Stable Diffusion 在摄影领域具备了广泛应用的能力。

当然，目前 Stable Diffusion 的基础大模型，在摄影领域能够实现的出色效果多数为女性人像摄影，但我相信随着 Stable Diffusion 在商业领域的贡献，会诞生偏向更多类型主题的摄影级写实模型。

如果你是摄影行业的从业者、经营者，AI 绘画绝对是值得你长期关注、学习并深入探究的新大陆。

接下来我们来通过一些生成实例和操作流程，来了解如何用 Stable Diffusion 生成逼真的人物照片。

首先，我们先对比相同提示词和参数设置下，当下的写实风格大模型生成图像的效果。

这九款大模型在真实人像生成方面的效果非常出色。

　　提示词内容中，除了描述出人物大概的形象特征和高画质内容，还需要填写更加明确的光影以及场景信息。另外，我们还可以指定色彩、范围、空间以及摄影设备的名称、镜头型号、光圈等，让 AI 更加充分地理解我们生成真实摄影内容的需求。

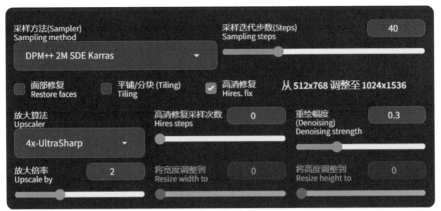

这里需要注意的是，将采样迭代步数提升至 35 或更高，开启高清修复。

AWPortrait_v1.1.1

LEOSAM's MoonFilm

majicmixRealistic_v6

SweetLens_v1.0

TWing Film wind_v1.3

xxmix9realistic_v40

不要油光不要网红脸 _v1　　墨幽人造人 _v1030　　复古港风 HongKong Style v1.0

　　通过九个大模型生成的图像不难看出,在光影和色彩理解方面,每个模型都有自己的特点和优势。由于训练数据集的人物肖像在构图方面应该会有较大差异,所以这些大模型生成的内容都存着一些不确定性。

　　当我们希望可以结合两个或多个模型的特点时该如何实现呢?一个比较简单的方法是先用"模型 A"(如:AWPortrait_v1.1.1)生成的图像发送到图生图,再选择"模型 B"(如不要油光不要网红脸 _v1)进行重绘。我们调整重绘幅度为 0.35,其他参数保持不变,点击生成。

模型 A　　　　　　　　　　　模型 B

接下来用同样的方法，进行不同模型的切换来生成图像。

在"img2img 图生图"中，用其他模型再次对图像进行重绘后，光影、色调都会产生微小的变化，但是由于这些大模型的人物训练数据集并不相同，人物的面部特征也发生了相应的改变，这是我们不想看到的结果。那我们应该如何控制人物特征呢？

前面已经提到过，ControlNet 在 Stable Diffusion 中无处不在，具体操作方法如下。

在"img2img 图生图"模式下，启用 ControlNet，并且选择完美像素。

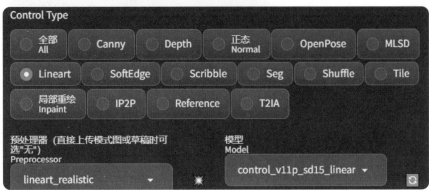

Control Mode 选择 Lineart，预处理器更改为 Lineart_realistic

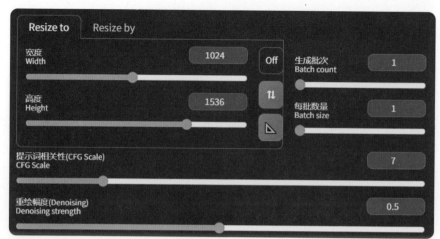

重绘幅度改为"0.5"

更改基础大模型为"不要油光不要网红脸 _v1"。

模型类型

预处理图

生成图

启用 ControlNet 以后,在保留人物面部特征的基础上,实现了色彩的风格迁移。

在"txt2img 文生图"中,启用 ControlNet,并将生成的第一张照片上传。

启用"Reference"算法，预处理器选择"reference_adaIn+attn"。

改变提示词内容，点击生成。Reference 模式随机生成了风格多变的照片样式。照片如下：

AI 摄影核心的关键因素，主要是源于大模型、LORA 模型的训练数据集。摄影师完全不必担心被 AI 取代，出色的摄影师用摄影作品训练出的模型，反而会让自身成为更加优秀的 AI 摄影大师。

在商业摄影应用的层面，我们可以为客户去定制专属的 AI 大模型，更加高效且富有创意地生产摄影作品。你可以使用为客户量身定制的大模型 /LORA，让他 / 她随时出现在世界各地，甚至遨游太空，构建专属的 AI 元宇宙形象。

6.2

生成 8K 图像，AI 图像放大和细节增强

前面的 AI 摄影内容，希望能给广大读者带来 AI 绘画的应用启发。无论是好的摄影作品，还是精美的艺术绘画，都需要在细节上具备出色的表现，Stable Diffusion 为我们提供了一些出色的功能，可以完善细节。

首先，我们需要回顾的是 Stable Diffusion 的基础特性，如果想在生成的图像中体现出更加丰富的细节，除了有好的模型以外，更加重要的是要在更大的"画布"上，让 AI 进行生成内容的刻画，所以无论是"txt2img 文生图"的高清修复功能，还是"img2img 图生图"的放大功能，增强画质、增加细节的基础都源于此。我们常见的在生成小图时产生的人脸面部崩坏，也是由于在过于"吝啬"的画布尺寸下无法做到精细。

图像放大的方法有很多，Stable Diffusion web UI 中"txt2img 文生图"的"高清修复"功能、"img2img 图生图"增加画布尺寸、附加功能中提供的利用放大算法生成大图等，都可以实现。上面几种图像放大实现的效果比较相似。

在这里，我强烈推荐一款高清放大插件——MultiDiffusion-Upscaler。

插件名称：multidiffusion-upscaler-for-automatic1111

插件地址：https://github.com/pkuliyi2015/multidiffusion-upscaler-for-automatic1111

插件简介：

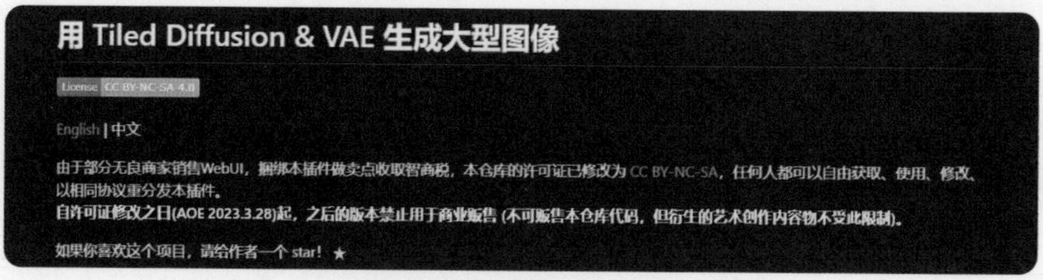

用 Tiled Diffusion & VAE 生成大型图像

License CC BY-NC-SA 4.0

English | 中文

由于部分无良商家销售WebUI，捆绑本插件做点收取智商税，本仓库的许可证已修改为 CC BY-NC-SA，任何人都可以自由获取、使用、修改、以相同协议重分发本插件。
自许可证修改之日(AOE 2023.3.28)起，之后的版本禁止用于商业贩售 (不可贩售本仓库代码，但衍生的艺术创作内容物不受此限制)。

如果你喜欢这个项目，请给作者一个 star！ ★

该插件作者的声明，请严格遵守

该插件通过以下三种技术实现了在有限的显存中进行大型图像绘制：

①两种 SOTA diffusion tiling 算法：Mixture of Diffusers 和 MultiDiffusion

②原创的 Tiled VAE 算法。

这款插件的优势在于对 GPU 的显存要求并不苛刻，放大后的图像细节效果合理，模式丰富。

插件正确安装完成后，在 Stable Diffusion web UI 界面可以看到"MultiDiffusion-Upscaler"的选项菜单。

两个功能分别是"Tiled Diffusion"和"Tiled VAE"。

点击"Tiled Diffusion"展开操作界面。映入眼帘的是一堆参数，它的功能非常强大。

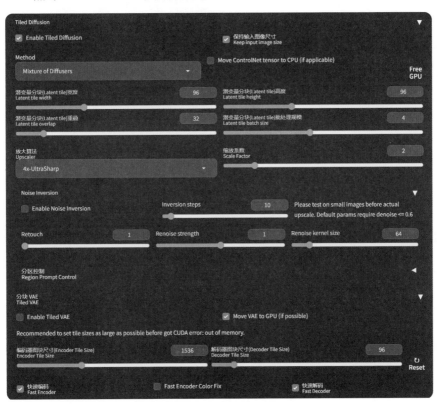

在这里，我一步一步带着大家来完成图像放大的操作。

6.2.1 "img2img 图生图"放大

利用 Tiled Diffusion 来放大或重绘图像。

我们先在"txt2img 图生图"中生成一张 768×512 像素的图像,提示词为 "masterpiece, best quality, highres, extremely detailed 8k wallpaper, very clear",模型选择"AWPainting_v1.0"。

将生成的图像发送至"img2img 图生图",并设置生成参数,我们需要将这张 768×512 像素的图像放大 4 倍至 3072×2048 像素。

采样方法为 Euler a;采样迭代步数为 20;CFG 提示词相关性为 14;重绘幅度为 0.4。

设置"MultiDiffusion-Upscaler"参数。

方法 (Method) = MultiDiffusion, 分块批处理规模 (tile batch size) = 8, 分块

高度 (tile size height) = 96，分块宽度 (tile size width) = 96，分块重叠 (overlap) = 32，放大算法 (Upscaler) =4x-Ultrasharp，缩放系数 (Scale Factor) =4。

设置好参数后点击生成。

放大前   4 倍放大后

6.2.2 生成超大图像

请在页面顶部使用简单的正面提示语，因为它们将应用于每个区域。如果要将对象添加到特定位置，请使用区域提示控制并启用绘制完整的画布背景。

使用方法：

在"txt2img 文生图"中，写入正向提示词："masterpiece, best quality, highres, city skyline, night"。

设置参数：

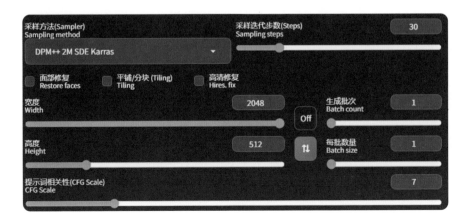

打开"Tiled Diffusion",调整参数。

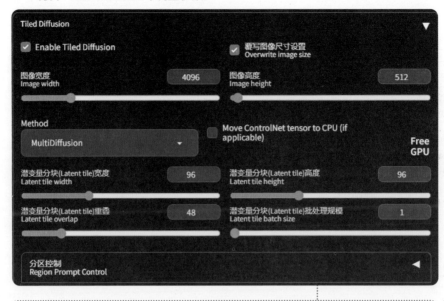

勾选"Overwrite image size 覆写图像尺寸设置",填写图像宽高为
"4096×512 像素"。

勾选"Enable Tiled VAE"启用分块 VAE,然后勾选"Fast Encoder Color Fix"。

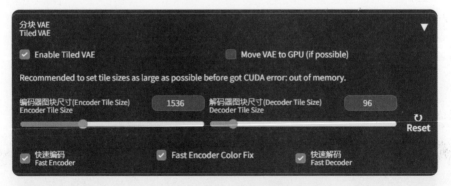

点击生成图像。

你还可以配合 ControlNet 的 Lineart、Canny、Depth、Inpaint 等模式,绘制或
重绘高分辨率图像。

6.2.3 区域提示控制

通过融合多个区域进行大型图像绘制。

实例 1："MultiDiffusion-Upscaler"在高分辨率下，通过分区控制，在一张图内绘制多个角色。

在"txt2img 文生图"中，调整好生成参数。

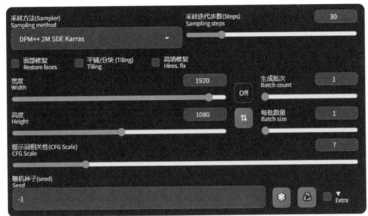

这里不开启"Hires.fix 高清修复"，将图像宽高设置为 1920×1080 像素

全局提示词为"masterpiece, best quality, highres, extremely clear 8k wallpaper, white room, sunlight"。

点击"Enable Tiled Diffusion"，Method 选择"Mixture of Diffusers"。

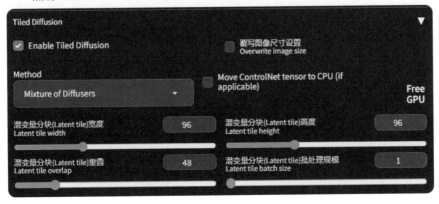

点击分区控制，勾选"Enable Control"。

点击"Create txt2img canvas"创建空白画布。

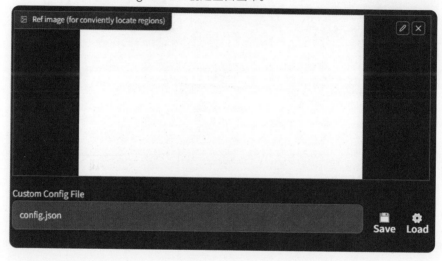

勾选"Enable Region1"启用区域 1，Type 选择"Background 背景"。正向提示词"sofa"。

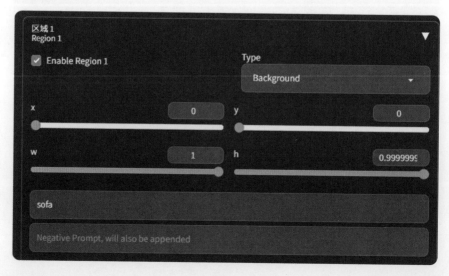

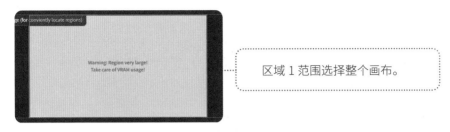

区域 1 范围选择整个画布。

勾选"Enable Region2"启用区域 2，Type 选择"Foreground 前景"，"Feather 羽化"值为 0.2。正向提示词为"1girl, gray skirt, (white sweater), (slim) waist, medium breast, long hair, black hair, looking at viewer, sitting on sofa"。

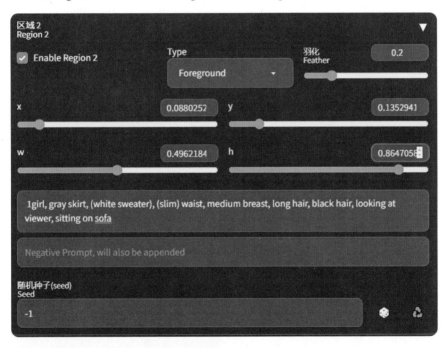

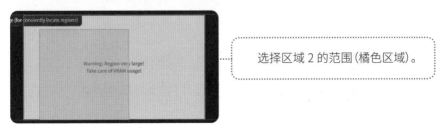

选择区域 2 的范围(橘色区域)。

勾选"Enable Region3"启用区域 3，Type 选择"Foreground 前景"，"Feather 羽化"值为 0.2。

正向提示词为"1girl, red silky dress, (red hair), (slim) waist, short hair, laughing, looking at viewer, sitting on sofa"。

> 选择区域 3 的范围(黄色区域),注意区域 2 和区域 3 之间要有部分重叠。

绘制的图像如下:

动漫模型"AWPainting_v1.0"

写实模型"majicmixRealistic_v6"

实例 2:直接在高分辨率中生成人物全身。

全局提示词为"masterpiece,best quality,Extreme detail,8K,((blue tone impression)),sunlight,(manyflower,sea side:1.5),(no humans:1.5)"。

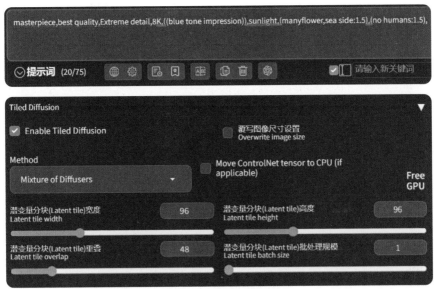

Tiled Diffusion 设置不变

区域 1 模式为"Foreground 前景",提示词为"1girl, gray skirt,full body, (white sweater), (slim) waist, long hair, black hair, looking at viewer, standing, high heels"。

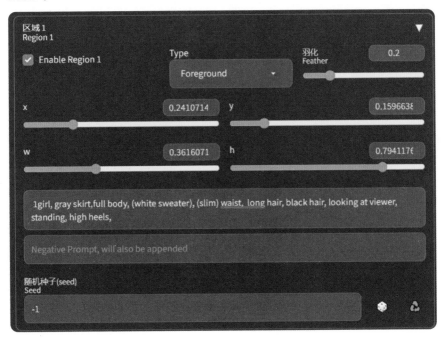

区域 2 模式为"Background 背景",提示词为空。

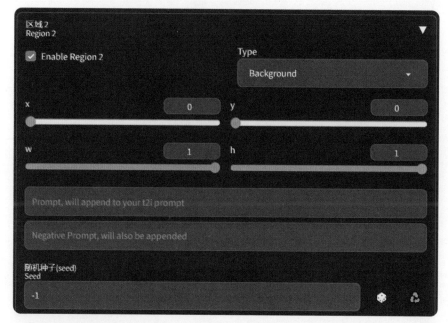

绘制的图像如下：

写实模型"MajicMix_Realistic_v6"

动漫模型"AnythingV5"

6.2.4 结合 ControlNet v1.1 Tile 模型

你没看错,ControlNet 又来了,这次"Multi Diffusion"提供的功能是与 ControlNet 强大的 Tile 模型结合使用,在图像放大的基础之上,提供高效、低显存占用,并且能够丰富画面细节的高清放大操作。

本插件的 Tiled Noise Inversion 功能可以与 ControlNet v1.1 Tile 模型 (简称 CN Tile) 协同工作,产出细节合适的高质量大图。

官方说明：

高重绘幅度下（≥ 0.4)ControlNet v1.1Tile 倾向会过多细节，使图像看起来脏乱。

MultiDiffusion Noise Inversion 倾向于产生整洁但过度磨皮的图像，缺乏足够的细节。然而把这两个功能结合，就能同时消除两者的缺陷，能产生整洁清晰的线条、边缘和颜色，能产生适当和合理的细节，不显得怪异或凌乱。

推荐的设置：重绘幅度 ≥ 0.75，采样步数为 25 步，Method = Mixture of Diffusers，overlap = 8 Noise Inversion Steps ≥ 30 Renoise strength = 0 CN Tile 预处理器 = tile_resample，下采样率 = 2。如果您的结果模糊：尝试增加 Noise Inversion Steps；尝试降低重绘幅度；尝试换一个模型。

在"img2img 图生图"板块中，上传需要放大的图像。

提示词部分仅输入与画质相关的内容，不要填写具体人物或物体，"masterpiece, best quality,portrait,Extreme detail,8K,fashion photography"。

设置图像生成的参数：采样迭代步数为"25"；重绘幅度为"0.75"。

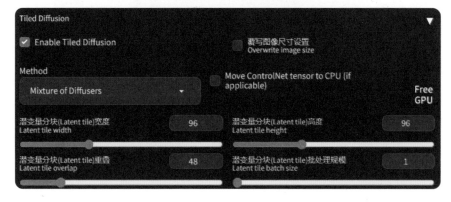

开启"Tiled Diffusion",设置相应参数:潜变量分块调整为"8";放大算法选择"4x-UltraSharp";缩放系数为"4"。

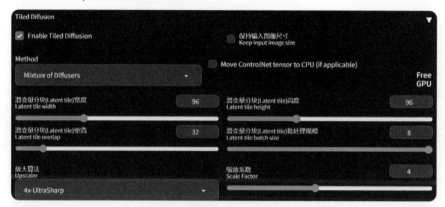

勾选"Enable Noise Inversion",开启并设置参数:Inversion steps"30";Renoise strength 为"0"。

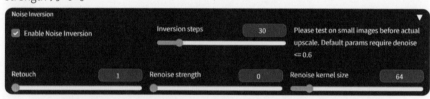

启用 ControlNet,选择 Tile 模式。

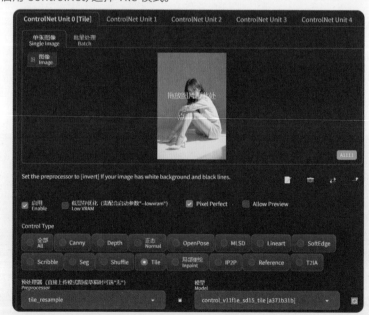

Down Sampling Rate   2

Down Sampling Rate 设置为"2"

点击生成图像。

按照官方参数,使用"Multi-Diffusion + ControlNet Tile"生成的照片,基本保留了原图的特征,但是从细节添加的角度来看,并没有太大差异,这也许是"Multi-Diffusion"在提示中提到的,担心 ControlNet Tile 模型增加错误细节的处理。

这次我们用一张 768×512 像素,人物特写的"小图",再进行一次放大。

上传图像至"img2img 图生图"。

不启用"Noise Inversion",点击生成。图像如下:

放大后图像

放大前图像

能够看到,从人像特写的效果来看,虽然 ControlNet Tile 模型在面部细节方面的增强有些过度,但是质感得到了非常大的提升,这里不评价优劣,对于摄影后期的"修片",还是提供了更多的施展空间。

6.2.5 StableSR 图像放大

我认为 StableSR+Multi-Diffusion 的放大方式是非常先进的。StableSR 的放大算法主要借助了比 Stable Diffusion 1.5 更加先进的 Stable Diffusion 2.1 大模型,从而可以不太考虑被放大图像的原生模型,也就是说我们可以对任意一张写实照片来进行放大,并且在细节增强方面,也不需要借助 ControlNet Tile 模型。StableSR+Multi-Diffusion 的图像放大模式,在细节增强方面表现得更加合理。

插件名称:StableSR

插件地址:https://github.com/pkuliyi2015/sd-webui-stablesr

我们来演示一下放大效果:

我们还是用前面的 512×768 像素图像,作为参考图,上传至"img2img 图生图"板块。

基础大模型选择"rmadaMergeSD21768_v70";VAE 模型选择"vqgan_cfw_00011_vae_only"。

设置生成参数：

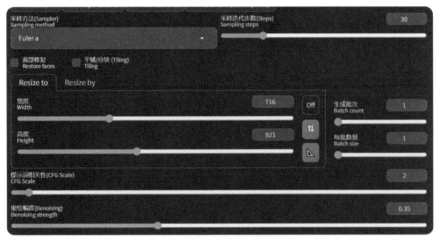

采用方法为"Euler a"；采样迭代步数为"30"；CFG 提示词相关性为"2："

开启并设置"Tiled Diffusion"：潜变量分块宽高为"64"；潜变量分块重叠为"32"；放大算法为空。

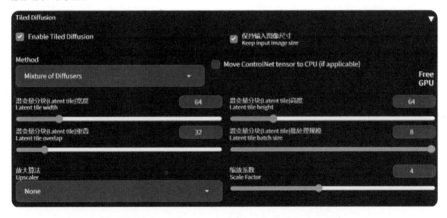

开启"分块 VAE"：默认值即可。

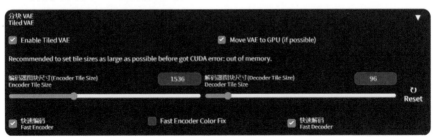

脚本选择"StableSR"，设置参数：SR Model 选择"stablesr_webui_sd-v2-1-512-ema-000117"，缩放系数与"Multi Diffusion"保持一致选择"4"。

点击生成图像。

与 ControlNet Tile 模型的细节相比，StableSR 表现得更加自然。

高清放大及细节增强的应用就介绍到这里了，Stable Diffusion 的放大方式还有很多，各位读者可根据个人需求和应用自行选择。

动态图像和 AI 视频生成

Stable Diffusion 作为生成式 AI，在图像生成视频的方向上也可以提供一些应用价值。了解动态图像生成以及视频生成的朋友应该知道，视频其实是由多张连贯的图像，在人眼可感知到的范围内实现快速切换，从而形成动态影像，通常在 25fps（25 帧 / 秒）以上的帧率条件下，就可以实现连贯的动态视频效果。我们通过 Stable Diffusion 生成连贯的图像再合成动态图像，编码成视频文件，AI 视频就可以实现了。

视频的编解码原理在这里就不去阐述了，我们还是来直接提供生成视频的方法，逐步了解用 Stable Diffusion 生成视频的操作流程。

如果我们想通过 Stable Diffusion 直接生成视频内容，还是需要借助扩展来完成，本节内容提供两种视频生成方式。

6.3.1 Mov2Mov 插件

插件名称：Mov2Mov

插件地址：https://github.com/Scholar01/sd-webui-mov2mov

插件简介：直接从视频逐帧处理处理完成后打包成视频，对视频进行抠图，合成等预处理和后处理，抠取人像，合成透明背景，合成原背景，合成绿幕，合成指定图片背景，合成指定视频背景。

Mov2Mov 主要使用的是 Stable Diffusion 的图生图功能，实现的效果一般是在原视频的基础上，改变画面风格，但是整体构图和主体的动态是不会有很大变化的，因此在进行 Mov2Mov 的使用前，首先我们需要找到一段参考视频作为素材。

短视频平台上发布的一些 AI 生成真人转动漫或者动漫转真人风格视频，几乎是用 Stable Diffusion 生成的。Stable Diffusion 目前擅长生成女性人物，所以第一步我们需要找到一个女性为主体的动态视频，将其作为原视频。

我们找到一个 AI 生成的视频,任务是用它生成一个 2.5D 的真人视频。

这里我们还是需要借助一下第三方的工具,提取出视频每一帧的图片。打开 Photoshop,拖入视频文件。

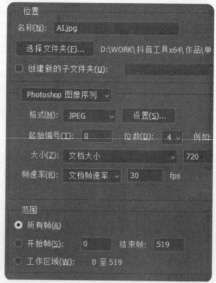

将视频导出为序列帧:一开始一导出一渲染视频。

选择 Photoshop 图像序列。

点击"渲染",导出图像序列。

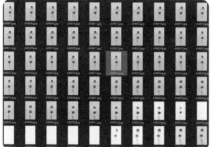

从导出的图像里面选择一张。

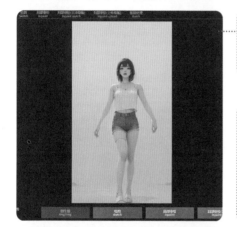

将选中的照片拖入"img2img
图生图"。

选择一个写实风格的大模型
"AWPortrait_v1.1.1"和 VAE "vae
-ft-mse-840000-ema-pruned",
编辑好正方向提示词。

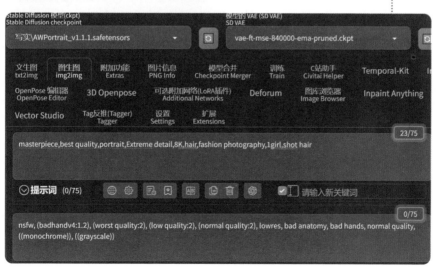

调节生成参数：生成批次为"4"，重绘幅度为"0.4"。

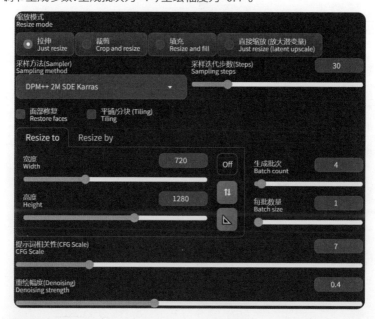

开启面部修复插件"After Detailer"。

点击生成，图片如下：

挑选出一张，记录下随机种子。

返回"Mov2Mov"界面，将原视频拖入。复制刚才在"img2img 图生图"中写入的提示词内容。

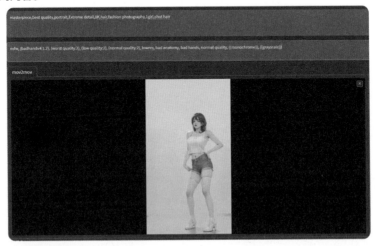

调节生成参数：

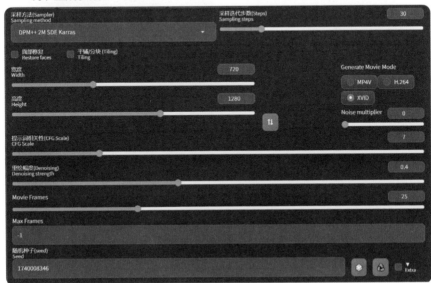

Generate Movie Mode 视频生成模式为"XVID"，Movie Frams 视频帧率为"25"，并将刚才的随机种子粘贴过来。

开启 "Afer Detailer"。

我们还可以通过开启 ControlNet 更好地控制图像。这里建议使用 Canny 和 Depth。

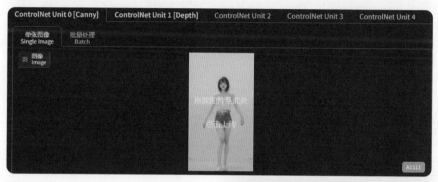

点击生成。

在 Stable Diffusion web UI 的后台可以看到生成进度，一共需要生成 520 张图片，大约耗费 2 个小时。

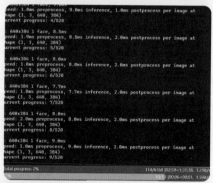

在 "\outputs\mov2mov-images\" 目录下，可以看到生成的序列帧。

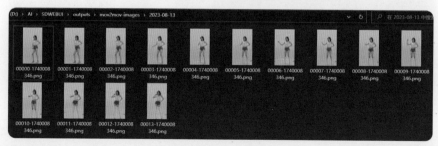

生成完成后,"Mov2Mov"会自动将序列帧合称为视频,再将生成好的视频拖入视频编辑软件,将原视频的声音与 Stable Diffusion 生成的视频内容对齐,AI 风格转换的视频内容就完成了。

6.3.2 Temporal-Kit+ EbSynth

"Mov2Mov"作为 Stable Diffusion 早期的视频生成插件,主要依赖"img2img 图生图"功能。由于是将视频中的每一帧画面进行了重新渲染,帧与帧之间完全依赖原视频的序列帧图像,而进行单纯重绘以后,生成的图像内容关联度并不高,这就造成了用"Mov2Mov"插件生成的视频会出现闪烁现象,生成时间漫长。

"Temporal-Kit+EbSynth"的出现,很好地解决了视频闪烁问题。Temporal-Kit 负责对原视频内容进行关键帧提取等前期处理,再利用 EbSynth 算法,与原视频帧序列进行对齐计算,快速得到最终视频的帧序列内容,通过 Temporal-Kit 合成新的视频。

在进行实际操作前,我们先了解一下这两款插件。

1. 插件:Temporal-Kit

插件地址:https://github.com/CiaraStrawberry/TemporalKit

插件简介:一种通过 Stable Diffusion web UI 扩展的 Stable Diffusion 视频渲染一体化解决方案。

2. 插件：ebsynth

插件地址：https://ebsynth.com/

插件简介：通过在单帧上绘画来转
换视频。

下面我们来熟悉一下 Temporal-
Kit+EbSynth 的操作流程。

> 首先打开 Temporal-Kit 插件
> 的操作界面，上传原视频。

接下来设置 Temporal-Kit 预处理参数。

Sides=1；Htight Resolution=1280（原视频高度）；frame per keyframe=5（多少帧
生成一个关键帧）；fps=30（原视频帧率）；勾选"EBSynth Mode"（必须开启）；Target
Floder（文件夹可自定义）；勾选 Batch Run；Max key Frames=-1（默认值）；Border
key Frames=2（默认值）；勾选 Split Video；点击右侧的运行。

Sides		Height Resolution	
1		1280	

frames per keyframe	fps		EBSynth Mode
5	30		

储存设置
Save Settings

Target Folder

H:\TPK

Batch Settings

☑ Batch Run   Max key frames   Border Key Frames
              -1   2

EBSynth Settings

☑ Split Video   ☐ Split based on cuts (as well)

预处理完成后, 在你刚才建立的文件夹内, 会生成对应的预处理文件。

我们打开生成文件中的"input"文件夹。这里生成的是预处理的关键帧图像。

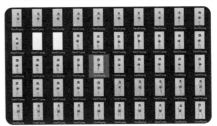

选择一个关键帧图像, 拖入 Stable Diffusion 的"img2img 图生图"中。与"Mov2Mov"的图生图操作一样, 这里是为了选择生成的图像参数。

选择一个写实风格的大模型"AWPortrait_v1.1.1"和 VAE "vae-ft-mse-840000-ema-pruned", 编辑好正方向提示词。

调节生成参数：生成批次为"4"，重绘幅度为"0.4"。

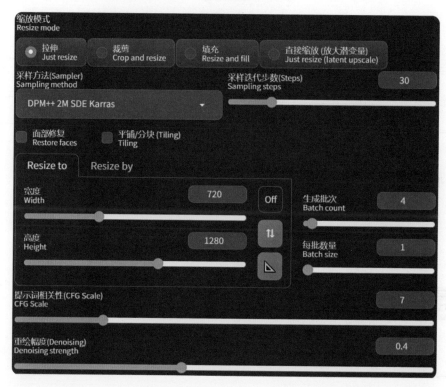

开启面部修复插件"After Detailer"。

挑选出一张，记录下随机种子。

开启 ControlNet，选择 Canny 模式。

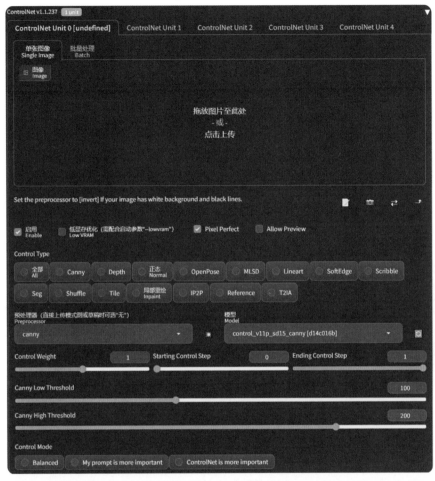

下一步之前，先回到 Stable Diffusion web UI 的"Settings 设置"界面，更改
ControlNet 设置。

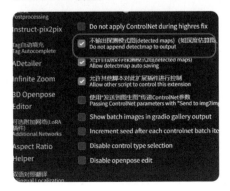

勾选"Do not append detectmap to
output 不输入探测模式图"选项。

返回"img2img 图生图"板块的"Batch 批量处理",填入参数。输入目录是刚才 Temporal-Kit 新建的"input"目录,输出目录是"output"目录。

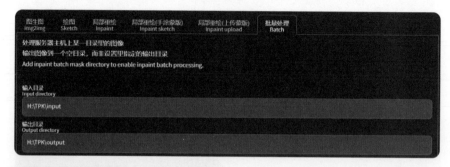

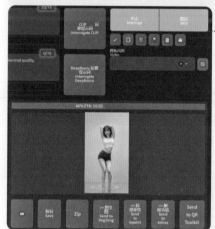

点击生成,等待批处理完成。

这里需要处理 115 个关键帧图像,时间大约为 30 分钟。

处理完成后,在 Temporal-Kit 新建的"output"目录中检查文件,数量与"input"目录中一致。

115 个图像文件。

接下来返回"Temporal-Kit"插件操作区下的"Ebsynth-Process"界面。

更改"Generate Batch 批量生成"下的参数:

Input Folder 选择我们在开始新建的子目录"H:\TPK"。上传原始视频。FPS= 30;per side=1;output Resolution=1280;batch=5;(与预处

理时保持一致)。Max Frames = 原始视频的时长 18 秒 × 帧率 30=540。Boder Frames=1(与预处理时保持一致)。

点击"prepare ebsynth"按钮开始运行。

可在控制台查看运行状态。

处理完成后的文件在我们创建目录下的数字文件夹下。

下一步找到我们下载的 EBsynth 工具并打开。

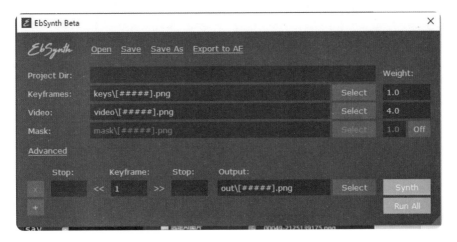

依次打开 Temporal-Kit 处理好的数字文件夹, 从 "0" 开始。

在 EBsynth 界面中, 选择数字文件夹 "0" 的内容拖入。

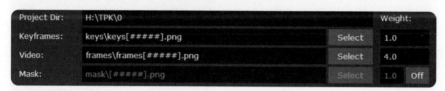

KeyFrames 的文件夹为 "0" 文件夹下的 "keys" 文件夹。

Video 的文件夹为 "0" 文件夹下的 "frames" 文件夹。

拖入后, 文件自动加载如 EBsynth 工具中。

点击右下角的 "Run All" 执行处理。

等待运行完成后, 关闭 EBsynth, 并重新打开 EBsynth 工具(非常重要), 依次处理剩余的数字文件夹的内容。

全部处理完成后，返回 Stable Diffusion web UI 的"Temporal-Kit"插件操作区的"Ebsynth-Process"界面。

点击右侧的"recombine ebsynth"按钮，进行最后一步生成视频。

完成处理后，会显示文件名以及"Download"下载按钮。点击"Download"下载视频文件。

"Temporal-Kit+EBsynth"的视频工作就完成了。

同样,我们将新生成的视频文件放入视频编辑软件,与原视频的音频对齐,输出最终的视频文件。

> 如果你觉得视频内容还是不够清晰,你还可以利用视频高清修复工具"Topaz Video AI"进行视频高清修复。

修复前图像

修复后图像

Table Diffusion 两个基础的 AI 视频制作方法到这里就演示完了。

Stable Diffusion 还有更多的 AI 视频玩法,如生成无限缩放视频的"Infinite Zoom",还有 2023 年初流行的"瞬息全宇宙"视频工具——Deforum。

在上面的两个示例中,你有没有发现,使用 Stable Diffusion 制作视频消耗时间很长,并且操作非常烦琐。AI 应该为人带来更多便捷,而目前的实际情况还做不到,但我仍然期待。随着生成式 AI 在视频生成领域技术的革新,很快我们就可以通过更加快捷的方式完成 AI 视频创作了。

到这里,本书的全部内容就告一段落了,希望你通过本书能够掌握 AI 绘画的入门基础,享受 AI 带来的乐趣。

扫码观看视频教学

写在最后：

通过对 AI 绘画以及 Stable Diffusion 功能的了解，我相信你已经打开电脑，使用这些神奇的 AI 绘画应用进行创作了吧。

生成式 AI 在 2023 年的全面爆发，预示着 AI 真正地来到了我们身边。AI 绘画提供的创作能力随着算力增强、技术迭代越发强大。本书中提到的也仅仅是在 2023 年 8 月份之前 Stable Diffusion 的部分功能。在写作过程中，为了能够提供更新的内容，我每天都在关注整个生成式 AI 领域以及 AI 绘画垂直方向的变化，令人欣喜的是，快速进化带来了越来越多强大的功能，但对于这本书的写作来说，反反复复的修改和更新，的确让我一度陷入苦恼。但我仍然认为通过本书将 AI 绘画的应用知识传播出去，是一件非常兴奋的事情。

互联网信息的高效性，在效率上不是传统出版物可以比拟的，但是对于系统性且相对深入的内容，我相信，这本书还是能够为初学者提供非常多的帮助。虽然几乎每天都用 Stable Diffusion 进行创作、工作和学习，我仍然会翻开自己写过的内容，去查询一些参数，这就是本书的价值。

目前，Midjourney 已经更新至 6.0 版本的大模型，后续的升级版本也即将到来，而 Stable Diffusion XL 1.0 也正式迎来了开源，热度已经和 Midjourney 不相上下。在中国，商业应用领域已经有非常多的组织和个人，或多或少从 Stable Diffusion 得到或产出了有效的价值，未来的它可谓前途光明。

我会同广大读者和 AI 绘画爱好者继续共同学习和进步，传播正确的 AI 应用信息，用 AI 创造价值，下一个视觉领域创造者的时代属于 AI！